Николай Мельников
Владислав Бусырев
Олег Чуркин

# Экономически сбалансированное освоение перспективных месторождений

Николай Мельников
Владислав Бусырев
Олег Чуркин

# Экономически сбалансированное освоение перспективных месторождений

## Концепция, методы, оценка

LAP LAMBERT Academic Publishing

**Impressum / Выходные данные**

Bibliografische Information der Deutschen Nationalbibliothek: Die Deutsche Nationalbibliothek verzeichnet diese Publikation in der Deutschen Nationalbibliografie; detaillierte bibliografische Daten sind im Internet über http://dnb.d-nb.de abrufbar.

Alle in diesem Buch genannten Marken und Produktnamen unterliegen warenzeichen-, marken- oder patentrechtlichem Schutz bzw. sind Warenzeichen oder eingetragene Warenzeichen der jeweiligen Inhaber. Die Wiedergabe von Marken, Produktnamen, Gebrauchsnamen, Handelsnamen, Warenbezeichnungen u.s.w. in diesem Werk berechtigt auch ohne besondere Kennzeichnung nicht zu der Annahme, dass solche Namen im Sinne der Warenzeichen- und Markenschutzgesetzgebung als frei zu betrachten wären und daher von jedermann benutzt werden dürften.

Библиографическая информация, изданная Немецкой Национальной Библиотекой. Немецкая Национальная Библиотека включает данную публикацию в Немецкий Книжный Каталог; с подробными библиографическими данными можно ознакомиться в Интернете по адресу http://dnb.d-nb.de.

Любые названия марок и брендов, упомянутые в этой книге, принадлежат торговой марке, бренду или запатентованы и являются брендами соответствующих правообладателей. Использование названий брендов, названий товаров, торговых марок, описаний товаров, общих имён, и т.д. даже без точного упоминания в этой работе не является основанием того, что данные названия можно считать незарегистрированными под каким-либо брендом и не защищены законом о брендах и их можно использовать всем без ограничений.

Coverbild / Изображение на обложке предоставлено: www.ingimage.com

Verlag / Издатель:
LAP LAMBERT Academic Publishing
ist ein Imprint der / является торговой маркой
OmniScriptum GmbH & Co. KG
Heinrich-Böcking-Str. 6-8, 66121 Saarbrücken, Deutschland / Германия
Email / электронная почта: info@lap-publishing.com

Herstellung: siehe letzte Seite /
Напечатано: см. последнюю страницу
**ISBN: 978-3-659-53158-3**

# ОГЛАВЛЕНИЕ

## ПРЕДИСЛОВИЕ

В условиях постоянного роста потребления минерально-сырьевых ресурсов в странах мира и России полнота использования их запасов остается недостаточной. Одна из главных причин заключается в отсутствии объективной экономической основы при решении задач недропользования, так как экономические интересы владельца недр – государства и недропользователя отличаются некоторой противоречивостью.

В монографии поставлена цель создать объективную экономическую основу с привлечением стоимости расходуемых запасов полезных ископаемых для решения проблемы рационального освоения перспективных месторождений, предложить методы достижения этой цели, включающие оценку проектов рудников, обоснование рационального варианта с учетом стоимости расходуемых запасов и влияния инфляции на реализацию проектов, а также метод распределения ожидаемых результатов освоения перспективных месторождений с соблюдением сбалансированности экономических интересов владельца и недропользователя.

Приведен обзор перспективных источников минерально-сырьевых ресурсов уникального Кольского региона и на его примере результаты применения предложенного комплекса методов.

При подготовке монографии использованы результаты исследований Горного института КНЦ РАН.

# 1. РОЛЬ ПРАВОВЫХ ОТНОШЕНИЙ В РЕШЕНИИ ПРОБЛЕМЫ РАЦИОНАЛЬНОГО ОСВОЕНИЯ МЕСТОРОЖДЕНИЙ

## 1.1. Состояние полноты использования запасов минерально-сырьевых ресурсов

Мировой опыт свидетельствует о постоянном росте потребления минерально-сырьевых ресурсов как о необходимом условии развития человеческой цивилизации. За предшествующее столетие годовая добыча полезных ископаемых на душу населения возросла с 4,7 до 46,5 т (рис. 1) или в 10 раз и в целом на все население Земли с 7 до 280 млрд. т (рис. 2) или в 40 раз [1]. По прогнозу XXXI Сессии международного геологического конгресса, Рио-де-Жанейро (2000 г.), численность населения Земли за первую половину текущего столетия возрастет с 6,122 млрд. чел. (2000 г.) до 12 млрд. чел., или вдвое, а потребность в полезных ископаемых – до 1400 млрд. т в год. Анализ экспертов ООН во главе с известным экономистом В. Леонтьевым [2] показал, что в будущем не ожидается исчерпаемости запасов недр, но человечеству придется столкнуться с проблемой возрастающей труднодоступности освоения месторождений, а следовательно ростом затрат на выявление и освоение новых источников минерально-сырьевых ресурсов.

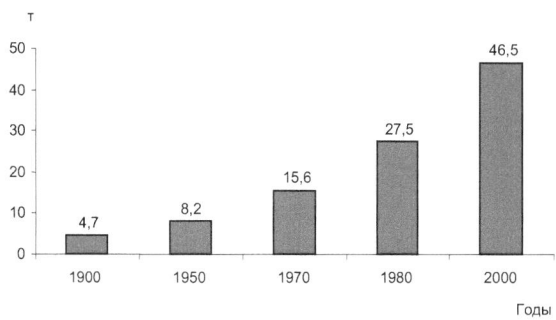

*Рис. 1. Добыча полезных ископаемых на одного человека в год в XX столетии*

Мировой опыт показывает, что восполнение запасов минерально-сырьевой базы должно вестись темпами, опережающими добычу в среднем в 1,5 раза при соответствующем увеличении расходов на геолого-разведочные работы. Это необходимо для соблюдения сбалансированности потребления и восполнения запасов минерально-сырьевой базы с учетом отмеченного выше постоянного роста потребления полезных ископаемых и времени, затрачиваемого на ввод новых месторождений в эксплуатацию.

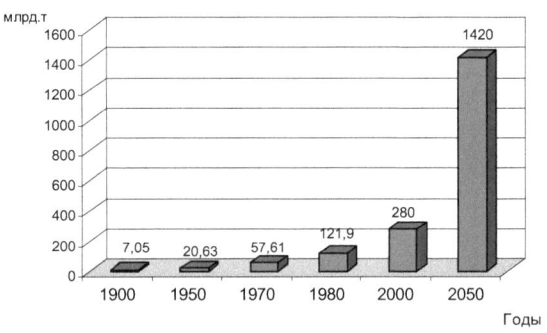

*Рис. 2. Добыча полезных ископаемых в XX столетии и ожидаемая к середине XXI столетия*

В настоящее время в России добыча полезных ископаемых составляет около 16% (шестую часть) от мирового объема [3] и в обозримом будущем, очевидно, сохранится на этом уровне. На долю России приходится до 15-17% мировых запасов минерально-сырьевых ресурсов [4-6].

Вместе с тем, в настоящее время, несмотря на обеспеченность России практически всеми видами минеральных ресурсов, вызывает озабоченность положение с полнотой использования запасов недр при эксплуатации месторождений и их восполнением геолого-разведочными работами.

По сведениям Центральной комиссии по разработке месторождений ТПИ Федерального агенства по недропользованию (ЦКР – ТПИ Роснедра) потери в настоящее время составляют [7-12]:

В недрах при добыче:

- угольные предприятия с открытым способом добычи при валовой выемке – от 3 до 8,5% (на некоторых объектах до 12-13%);
- то же при селективной выемке – от 7 до 14% (на некоторых объектах – до 19%);
- при подземном способе добычи угля – от 12 до 25% (на ряде объектов – до 55%);
- на горно-рудных предприятиях при открытом способе добычи – от 3 до 10% (в среднем 5-6%);
- то же при подземном способе добычи – от 5 до 25% (в среднем 12-15%);
- по отдельным видам минерального сырья, например калийным солям, при добыче подземным способом – от 54 до 75%.

В отходах при обогащении добытой руды:
- угля – 4-6%;
- железа – 15-35% (сопутствующих полезных компонентов – 25-55%);
- вольфрама – 25-50% (сопутствующих полезных компонентов – 15-85%);
- меди – 3-50% (сопутствующих полезных компонентов – 42-48%);
- молибдена – 11-55% (сопутствующих полезных компонентов – 30-70%);
- никеля – 10-15% (сопутствующих полезных компонентов – 25-40%);
- золота – 2-30% (сопутствующих полезных компонентов – 40-60%);
- серебра – 8-15% (сопутствующих полезных компонентов – 20-50%).

В сравнении с показателями при эксплуатации месторождений в середине XX столетия [13-15] положение с потерями полезных ископаемых в недрах не улучшилось, несмотря на совершенствование технологии горных работ:

черная металлургия  – от 5-25 до 40-50%;
цветная металлургия – от 2-3 до 25-35%;
уголь              – от 20 до 27%;
калийные соли      – от 46 до 79%.

Существенного улучшения извлечения полезных компонентов при переработке добытой руды в концентраты за последние полстолетия также не произошло.

В результате потери полезного ископаемого при разработке месторождений и полезных компонентов в процессе переработки добытой руды на производство 1 т товарной продукции в горнопромышленном комплексе расходуется, как это видно ниже (табл. 1) на примере Мурманской области с развитой в этом регионе горной промышленностью, в 1,5-3 раза и более запасов минерально-сырьевых ресурсов.

*Таблица 1*

Расход запасов минерально-сырьевых ресурсов месторождений Кольского региона

| Предприятие | Полезный компонент | Продукция | Расход запасов полезного ископаемого на 1 т продукции, т/т | Расход запасов полезных компонентов на 1 т их в продукции, т/т |
|---|---|---|---|---|
| ООО "Ковдор-слюда" | Флогопит | Листовая, дробленая, молотая слюда | 28 | 3,7 |
| | Вермикулит | Концентрат | 21 | 2,2 |
| ОАО "Ковдорский ГОК" | Fe | Концентрат | 2,4 | 1,1 |
| | $P_2O_5$ | Концентрат | | 1,6 |
| ОАО "Олкон" | Fe | Концентрат | 2,7 | 1,2 |
| ОАО "Апатит" | $P_2O_5$ | Концентрат | 2,9 | 1,2 |
| ООО "Кольский пегматит" | Пегматит | Концентрат | 2,4 | 1,5 |
| Комбинат "Печенганикель" (ОАО "Кольская ГМК") | Ni, Cu, Co | Концентрат | 15,1 | 1,4 |
| Рудник "Карнасурт" (ООО "ЛГОК") | Лопарит | Концентрат | 40 | 2,6 |
| Рудник "Умбозеро" (ООО "ЛГОК") | Лопарит | Концентрат | 70 | 2,2 |

Таким образом, потери, зависящие от применяемой технологии добычи и переработки добытой руды, в свою очередь влияют на объемы геолого-разведочных работ и затраты по восполнению минерально-сырьевой базы. Поэтому проблема рационального освоения месторождений, т.е. эффективного и вместе с тем бережливого освоения природных минерально-сырьевых ресурсов, затрагивает интересы государства – владельца недр и недропользователей и должна решаться на единой объективной экономической основе.

### 1.2. Состояние правовых отношений владельца и пользователя недр

Право собственника недр закреплено за государством Конституцией России. Это право собственника недр сохраняется за государством и в случае передачи им права на использование месторождений недропользователям. Передача им права на использование конкретных источников минерально-сырьевых ресурсов предприятиям горно-промышленного комплекса не означает освобождения их от расчетов с государством за запасы полезного ископаемого, расходуемые в процессе эксплуатации месторождения. Обязанность недропользователя оплачивать государству расходуемые запасы полезного ископаемого закреплена Федеральным законом России «О недрах».

Механизм осуществления этих платежей определен Налоговым кодексом Российской Федерации [16]. К сожалению, действующий до настоящего времени механизм платежей, несмотря на неоднократные поправки и дополнения, не отвечает требованиям Федерального закона «О недрах» о рациональном освоении месторождений.

Главный недостаток налогового кодекса, препятствующий соблюдению требований о рациональном освоении месторождений, заключается в том, что запасы, расходуемые горными предприятиями на производство своей товарной продукции, до сих пор не оцениваются в стоимостном измерении и не привлекаются в качестве налоговой базы.

В качестве последней Налоговым кодексом предлагается принимать:

- стоимость добытой руды, что осуществимо в редких случаях и только, когда добытая руда является товарной продукцией и продается ее потребителю;

- затраты горного предприятия на добычу руды (пункт 4, статья 340), если последняя не является товарной продукцией, а поступает на этом же предприятии на дальнейшую переработку.

Как видно, ни в одном из этих случаев не принимаются во внимание потери полезного ископаемого в недрах при добыче руды, а, следовательно, израсходованные запасы полезного ископаемого. Более того, для недропользователя появляются возможности для получения наибольшей для себя выгоды за счет отработки участков с наиболее благоприятными условиями, в том числе с повышенным содержанием полезных компонентов в их запасах, несмотря на возможный при этом рост потерь. В результате на практике возросло количество случаев выборочной отработки месторождений, как, например, полиметаллических руд в Норильске [4].

Выбор в качестве налоговой базы затрат на добычу руды, помимо всего, противоречит реалиям производственных и экономических отношений [17-23]. Очевидно, имеется ввиду, что, чем больше затрат на добычу, тем должны быть больше масштабы производства и поэтому – налоговая база. Однако затраты на добычу руды в значительной мере зависят от природных условий освоения месторождений и чем они менее благоприятны, тем выше оказываются затраты на добычу руды. В этом случае налицо полное отсутствие связи размеров налоговой базы с природными условиями освоения месторождения.

С другой стороны, несовершенство действующего налогового механизма содействует на практике попыткам (толкованиям) формирования налоговой базы отдельными региональными налоговыми службами в пользу увеличения суммы платежей за добытую руду. Для этого под понятием «добытое полезное ископаемое» предлагалось принимать товарную продукцию и за налоговую базу – доход от ее реализации. Такие попытки имели распространение в 2003-2008 гг. и оказались для налоговой службы отвергнутыми, в том числе с привлечением научных учреждений и судебных органов.

В заключение следует отметить, что любые совершенствования налоговой системы не будут в необходимой мере способствовать решению проблемы рационального использования минерально-сырьевой базы, если для определения налоговой базы не будут приняты запасы месторождений, право на эксплуатацию которых передано государством недропользователю.

## 1.3. Соблюдение интересов государства и недропользователя как условие рационального освоения месторождений

Решение проблемы рационального освоения минерально-сырьевых ресурсов недр при существующей некоторой противоречивости экономических интересов государства – владельца недр и предприятий горно-промышленного комплекса – недропользователей, указанных выше, во многом определяется тем, насколько окажется возможным соблюдение сбалансированности экономических интересов сторон. Вопросу регулирования экономических отношений владельца и недропользователей всегда уделялось внимание [18, 24-35], однако желательного результата, т. е. создания объективной экономической основы для обеспечения рационального освоения минерально-сырьевой базы, не удалось достигнуть. Главная причина заключалась в невозможности определения долевого участия государства, как владельца недр, в экономических результатах эксплуатации источников минерально-сырьевых ресурсов, поскольку последние не привлекались к стоимостной оценке недропользования.

Возможность выяснения долевого участия государства, как владельца недр, в результате эксплуатации месторождений может появиться только в случае привлечения к оценке этих результатов запасов полезных компонентов, израсходованных горным предприятием на производство товарной продукции. До настоящего времени, несмотря на очевидность такой возможности, она остается не реализованной и минерально-сырьевые ресурсы, будучи исходным сырьем, из которого горными предприятиями производится товарная продукция, в экономической оценке результатов недропользования не участвуют.

Горным институтом КНЦ РАН впервые выдвинута и обоснована концепция [36] о привлечении стоимости запасов месторождений к экономической оценке результатов их эксплуатации в целях решения инженерных и правовых задач недропользования на объективной экономической основе. Возможность реализации концепции, направленной на обеспечение рационального использования минерально-сырьевых ресурсов, может появиться только в случае определения стоимости запасов полезных компонентов, находящихся в недрах. Поэтому определение стоимости ресурсов недр для привлечения ее к оценке долевого участия государства в экономических результатах эксплуатации месторождений является ключевой задачей при соблюдении сбалансированности экономических интересов сторон.

Таким образом, знание о величине стоимости полезных ископаемых недр и реализация концепции о ее привлечении к оценке результатов эксплуатации месторождений позволяют создать объективную экономическую основу для решения инженерных и правовых задач недропользования с соблюдением интересов государства и горно-промышленного комплекса. Это, в свою очередь, может служить залогом для успешного решения проблемы рационального использования минерально-сырьевой базы страны, начиная с разработки проектов освоения новых перспективных месторождений.

## 2. ОЦЕНКА ВОЗМОЖНОСТИ РЕАЛИЗАЦИИ ПРОЕКТОВ ОСВОЕНИЯ МЕСТОРОЖДЕНИЙ В УСЛОВИЯХ ИНФЛЯЦИИ

2.1. Особенности освоения перспективных месторождений в условиях инфляции

Характерным для состояния экономики является постоянный во времени рост цен на все виды производимых товаров, используемых для этого ресурсов и услуг, являющийся причиной потерь денежными знаками их ценности. За этим процессом закрепилось понятие «инфляция» и для ее количественной оценки – «индекс инфляции». Этот процесс может существенно менять (снизить) первоначальную денежную ценность затрат, намеченных проектом, а также дохода, ожидаемого по проекту от производства товарной продукции. Поэтому реализация проекта в полном объеме и достижение при этом намеченных проектом экономических результатов освоения месторождения требует переоценки проектных показателей, зависящих от инфляции, по всем годам за принятый для реализации проекта период. Таким образом, правильный учет влияния инфляции необходим, во-первых, для обеспечения реализации намеченных в проекте работ (капитальных и эксплуатационных) в объемах, принятых проектов; во-вторых, для объективной оценки вариантов проекта и выбора из них наиболее эффективного. Возможность реализации проектов освоения новых месторождений, в принципе, должна выясняться при завершении проектирования и предшествовать экономической оценке вариантов проектных решений.

В настоящее время для решения задач недропользования в условиях инфляции получил применение метод, используемый при оценке эффективности инвестиционных проектов, изначально предназначенный для выяснения привлекательности инвестору финансирования работ. В качестве критерия для оценки эффективности проектов в недропользовании [37-39] в основном используется показатель «чистый дисконтированный доход» (ЧДД), называемый также «чистая современная стоимость или чистый приведенный эффект» (NPV). Ввиду разновременности выполнения капитальных и эксплуатационных работ у сопоставляемых вариантов проекта и разной величины их годовых затрат, а также годовых доходов, ожидаемых при эксплуатации, эти показатели приводятся к одному году (обычно к году оценки проекта) путем процедуры дисконтирования. Считается, что этот прием позволяет привести варианты в сопоставляемые условия с учетом влияния инфляции. Дисконтирование осуществляется с помощью нормы дисконта, который одновременно учитывает $(E = i + j)$ как индекс инфляции $(i)$, так и желаемую инвестором процентную ставку на капитал $(j)$:

$$ЧДД = \sum_{i=1}^{T} \frac{Д_{o,t} - З_t}{(1+E)^t} - \sum_{i=1}^{T} \frac{K_t}{(1+E)^t}, \tag{1}$$

где $T$ – продолжительность освоения месторождения (или части его), лет; $Д_{o,t}$ – доход, планируемый в текущем $i$-ом году эксплуатации месторождения, руб.; $З_t$ – затраты на эксплуатацию месторождения, предусмотренные проектом в $t$-ом году, руб.; $K_t$ – капитальные вложения в $t$-ом году по проекту, руб.; $E$ – норма дисконта, доли ед.

Как видно из формулы (1), показатель «чистый дисконтированный доход» представляет сумму прибыли за рассматриваемый период с учетом потерь денежной ценности из-за инфляции и процентной ставки прибыли инвестора.

Оценка проектов по критерию «чистый дисконтированный доход», как следует из формулы (1), позволяет выделить вариант проекта из числа сопоставляемых, наиболее выгодный для инвестирования.

Недостатки метода дисконтирования применительно к освоению перспективных месторождений заключаются в следующем.

Во-первых, дисконтирование не позволяет выявить затраты на выполнение предусмотренных проектом работ в полном их размере в условиях инфляции, в том числе производства товарной продукции. По этой же причине дисконтирование не позволяет дать объективную оценку вариантов проекта при условии его реализации в полном объеме.

Во-вторых, дисконтирование, в зависимости от выбранного года приведения затрат в условиях инфляции, может изменить распределение вариантов по величине чистого дисконтированного дохода.

В-третьих, метод определения чистого дисконтированного дохода не учитывает стоимости расходуемых запасов полезных компонентов и не обеспечивает возможности оценки проектных решений на объективной экономической основе.

## 2.2. Метод определения затрат на реализацию проекта освоения месторождения в условиях инфляции

Реализация проекта в полном объеме и достижение при этом намеченных проектом экономических результатов освоения месторождения требуют переоценки проектных показателей, зависящих от инфляции по всем годам за период, принятый для реализации проекта. В этот период должны войти стадия капитальных пусковых работ и начальная стадия эксплуатации месторождения, желательно до момента достижения горным предприятием полной производственной мощности по выпуску товарной продукции. При этом отдельные капитальные работы могут выполняться в начальной стадии эксплуатации. Обычно продолжительность этого периода принимается не более 10-15 лет.

Снижение денежной ценности затрат на все капитальные работы, намеченные по проекту в пусковой период и в начальной стадии эксплуатации:

$$\Delta K = \sum_{i=1}^{T} K_t - \sum_{t=1}^{T} \frac{K_t}{(1+i)^t} , \qquad (2)$$

где $K_t$ – затраты на капитальные работы по проекту в $t$-ом году, руб.; $T$ – продолжительность периода оценки, начиная с года завершения проектирования до года окончания начальной стадии эксплуатации, лет; $t$ – год производства капитальных работ с момента завершения разработки проекта, лет; $i$ – индекс инфляции, доли ед.

Затраты на капитальные работы с учетом компенсации потерь ими денежной ценности из-за инфляции, которые потребуются для выполнения работ в полном объеме, намеченном в проекте:

$$\sum_{t=1}^{T} K_{ф.t} = \sum_{t=1}^{T} K_t + \Delta K_t = 2\sum_{t=1}^{T} K_t - \sum_{t=1}^{T} \frac{K_t}{(1+i)^t} . \qquad (3)$$

Снижение денежной ценности затрат, принятых в проекте для выполнения эксплуатационных работ:

15

$$\Delta 3_t = \sum_{t=1}^{T} 3_t - \sum_{t=1}^{T} \frac{3_t}{(1+i)^t}, \qquad (4)$$

где $3_t$ – затраты на эксплуатационные работы по проекту в $t$-ом году, руб.; $t$ – год производства эксплуатационных работ с момента завершения разработки проекта, лет.

Снижение денежной ценности затрат не позволит выполнить эксплуатационные работы в полном объеме, а, следовательно, и выпуск товарной продукции. Очевидно, производство товарной продукции уменьшится пропорционально снижению ценности первоначально намеченных проектом затрат и за весь начальный период эксплуатации составит:

$$\sum_{t=1}^{T} Д_{к.ф.t} = \sum_{t=1}^{T} Д_{к.t} \cdot \frac{\sum_{t=1}^{T} 3_t - \Delta 3_t}{\sum_{t=1}^{T} 3_t} = \sum_{t=1}^{T} Д_{к.t} \cdot \frac{\sum_{t=1}^{T} \frac{3_t}{(1+i)^t}}{\sum_{t=1}^{T} 3_t}. \qquad (5)$$

Для производства недостающего количества товарной продукции ($\sum_{t=1}^{T} Д_{к.t} - \sum_{t=1}^{T} Д_{к.ф.t}$) потребуется восполнение затрат на эксплуатационные работы, всего за начальную стадию эксплуатации:

$$\sum_{t=1}^{T} 3_{в.t} = \left( \sum_{t=1}^{T} Д_{к.t} - \sum_{t=1}^{T} Д_{к.ф.t} \right) \cdot \frac{\sum_{t=1}^{T} \frac{3_t}{(1+i)^t}}{\sum_{t=1}^{T} Д_{к.ф.t}}. \qquad (6)$$

Затраты на эксплуатационные работы с учетом компенсации потерь денежной ценности, обеспечивающие производство товарной продукции в объеме, предусмотренном в проекте:

$$\sum_{t=1}^{T} 3_{ф.t} = \sum_{t=1}^{T} 3_t + \left( \sum_{t=1}^{T} Д_{к.t} - \sum_{t=1}^{T} Д_{к.ф.t} \right) \cdot \frac{\sum_{t=1}^{T} \frac{3_t}{(1+i)^t}}{\sum_{t=1}^{T} Д_{к.ф.t}} \qquad (7)$$

или

$$\sum_{t=1}^{T} 3_{ф.t} = \sum_{t=1}^{T} 3_t + \Delta 3_t = 2 \sum_{t=1}^{T} 3_t - \sum_{t=1}^{T} \frac{3_t}{(1+i)^t}. \qquad (8)$$

Себестоимость товарной продукции (средняя за период начальной стадии эксплуатации) при реализации проекта освоения месторождения в полном объеме за счет компенсации потерь денежной ценности:

$$C_{к.ф.} = \sum_{t=1}^{T} З_{ф.t} \Big/ \sum_{t=1}^{T} Д_{к.t} \;. \qquad (9)$$

Ниже (табл. 2) приведены затраты по годам выполнения капитальных и эксплуатационных работ по проекту, по результатам дисконтирования и при их определении предложенным методом. Как видно, затраты, принятые в проекте, не учитывают влияния инфляции на снижение их денежной ценности, и будучи принятыми для выполнения намеченных работ не смогут обеспечить реализацию проекта в полном объеме в принятые сроки. Затраты, вычисленные методом дисконтирования, покажут их денежную ценность, снизившуюся в результате инфляции, что в итоге будет также свидетельствовать (подтверждать) невозможность реализации проекта в полном объеме в принятые проектом сроки. Затраты, вычисленные предложенным методом, в которых учтена компенсация потерь денежной ценности в результате инфляции, дают возможность полностью и в намеченные сроки реализовать проект освоения месторождения.

*Таблица 2*

Затраты на капитальные и эксплуатационные работы при освоении перспективных месторождений
(индекс инфляции 0,05)

| Показатели | Годы | | | | | | | | | |
|---|---|---|---|---|---|---|---|---|---|---|
| | 1 | 2 | 3 | 4 | 5 | 6 | 7 | 8 | 9 | 10 |
| 1. Затраты, предусмотренные проектом, млн. руб.: | | | | | | | | | | |
| - капитальные работы | 30 | 90 | 50 | 0 | 0 | 5,0 | 0 | 0 | 0 | 0 |
| - эксплуатационные работы | 0 | 0 | 0 | 80 | 80 | 80 | 80 | 80 | 80 | 80 |
| 2. Затраты, оцененные методом дисконтирования, млн. руб.: | | | | | | | | | | |
| - капитальные работы | 28,6 | 81,6 | 43,2 | 0 | 0 | 3,7 | 0 | 0 | 0 | 0 |
| - эксплуатационные работы | 0 | 0 | 0 | 65,8 | 62,7 | 59,7 | 56,8 | 54,1 | 51,6 | 49,1 |
| 3. Затраты, обеспечивающие реализацию проекта, млн. руб.: | | | | | | | | | | |
| - капитальные работы | 32,7 | 105,6 | 62,4 | 0 | 0 | 7,2 | 0 | 0 | 0 | 0 |
| - эксплуатационные работы | 0 | 0 | 0 | 105,5 | 110,3 | 114,8 | 118,9 | 122,7 | 126,1 | 129,2 |

# 3. ОЦЕНКА ЭФФЕКТИВНОСТИ ОСВОЕНИЯ ПЕРСПЕКТИВНЫХ МЕСТОРОЖДЕНИЙ В УСЛОВИЯХ ИНФЛЯЦИИ

## 3.1. Особенности экономической оценки проектов освоения месторождений

Основные технологические решения и ожидаемые результаты от их реализации принимаются при разработке проектов рудников на основе сравнительной экономической оценки различных вариантов, возможных в условиях конкретного месторождения. От принятого на стадии проектирования варианта технологии в дальнейшем и, как правило, многие годы будут определяться результаты эксплуатации месторождения. При этом, в случае обнаружения в ходе реализации проекта необходимости изменения технологии эксплуатации месторождения может потребоваться корректировка проекта, либо разработка нового проекта, что связано с некоторыми трудностями и дополнительными затратами. Поэтому выбор проектного варианта технологии должен осуществляться на объективной экономической основе во избежание негативных (нежелательных) последствий.

При разработке проектов освоения перспективных месторождений обеспеченность объективной экономической основы для выбора рационального варианта технологии зависит от учета двух факторов: во-первых, сбалансированности экономических интересов государства – владельца недр и недропользователя при реализации принятого проекта; во-вторых, инфляции в период реализации проекта, включая начальную стадию эксплуатации месторождения.

Выше (глава I) показано, что сбалансированность экономических интересов государства и недропользователя, при некоторой их противоречивости, может быть обеспечена привлечением стоимости расходуемых запасов полезных компонентов к оценке результатов эксплуатации месторождений. Что касается инфляции, то ее влияние, как следует из главы 2, необходимо учитывать, во-первых, для обеспечения объективной экономической оценки сравниваемых проектных вариантов; во-вторых, при реализации принятого проектного решения с обеспечением выполнения намеченных объемов работ, в том числе производства товарной продукции.

К особенностям исходной информации, влияющим на оценку эффективности освоения перспективных месторождений, можно отнести следующие:

- как правило, для ввода месторождения в эксплуатацию, кроме горно-промышленного комплекса, необходимо выполнить работы по созданию объектов инфраструктуры, социальной и культурных сфер. Состав и объем этих работ может быть различным в зависимости от степени освоенности территории, местных географических, климатических и других условий;

- в пределах или вблизи осваиваемой территории могут находиться другие месторождения, ввод которых совместно с основным месторождением может оказаться экономически привлекательным. Это дает возможность для перераспределения затрат, требующихся на создание некоторых объектов инфраструктуры (например, транспортных коммуникаций, линий электропередач и т.д.);

- мировой и отечественный опыт показывают, что при наличии благоприятных условий целесообразен комплексный подход к освоению территории, предусматривающий, помимо горно-промышленного производства, развитие других отраслей (лесной, рыбной, сельскохозяйственной и др.). Это также может способствовать перераспределению средств на создание инфраструктуры между отраслями;

- создание объектов инфраструктуры и жилсоцкультбыта способствует освоению территории страны. Это имеет особо большое значение для России, поэтому можно рассчитывать, что часть расходов на инфраструктуру может взять на себя государство.

Вопрос о возможности перераспределения затрат по созданию объектов инфраструктуры и жилсоцкультбыта может иметь большое значение при освоении перспективных источников минерально-сырьевых ресурсов, поскольку даже в регионе с развитой промышленностью, включая горно-промышленное производство, как Мурманская область, доля затрат на эти объекты (табл. 3) составляет по укрупненным оценкам от 10 до 50%.

## 3.2. Возмещение капитальных затрат в начальной стадии эксплуатации месторождения

В связи со значительными затратами на капитальные работы, главным образом, пускового периода, вопрос об их возмещении при эксплуатации месторождения и времени, необходимого для этого, выдвигается на передний план до экономической оценки вариантов проектных решений.

При финансировании работ, предусмотренных проектом на освоение месторождения соответствующем затратам, размер которых определен с учетом компенсации потерь денежной ценности, есть все основания считать, что производство товарной продукции, принятое в проекте, будет выполняться. Однако цена товарной продукции, ввиду инфляции, возрастет и в годы начальной стадии эксплуатации месторождения составит, руб./т:

$$Ц_{ф.t} = 2Ц_o - \frac{Ц_o}{(1+i)^t}, \qquad (10)$$

и по этой причине доход в годы эксплуатации, руб.:

$$Д_{м.ф.t} = Д_{к.t}Ц_{ф.t}, \qquad (11)$$

где $Ц_o$ – цена товарной продукции в год завершения проектирования, руб./т;  $t$  – год эксплуатации, начиная от года завершения проектирования, лет.

В главе 2 показано определение затрат, потребующихся на выполнение капитальных (3) и эксплуатационных (7) и (8) работ в условиях инфляции в полном объеме, предусмотренном по годам реализации проекта. Возможность возмещения капитальных затрат появляется на стадии начальной эксплуатации месторождения после завершения капитальных работ пускового периода. При этом какие-то «текущие» капитальные работы, не относящиеся к пусковым капитальным работам, могут выполняться на стадии эксплуатации одновременно с добычей руды. Эти особенности должны учитываться при определении размеров возмещения и времени, необходимого для возмещения капитальных затрат.

Капитальные вложения на освоение полезных ископаемых
Мурманской области, %

| Месторождения, проявления | Горно-промышленный комплекс | Инфра-структура | Жилсоц-культбыт |
|---|---|---|---|
| Проявление ильменит-апатит-титано-магнетитовых руд Гремяха-Вырмес | 63 | 12 | 25 |
| Месторождение золота Няльм 1 | 76 | 24 | |
| Месторождение апатитовых руд Партомчорр | 93 | 7 | |
| Месторождение барита Салланлатва | 70 | 7 | 23 |
| Месторождение Сахарйок циркония и бритолита | 61 | 39 | |
| Месторождение редкометалльных руд Неске-Вара | 84 | 6 | 10 |
| Месторождение редкометалльных руд Васин-Мыльк | 72 | 14 | 4 |
| Проявление Себльявр редко-металльных и апатитовых руд | 84 | 14 | 2 |
| Проявление флогопита Себльявр | 70 | 23 | 7 |
| Проявление флогопита и вермикулита Петяйянвара | 52 | 43 | 5 |
| Полевошпатовое месторождение Отрадное | 60 | 37 | 3 |
| Цагинское месторождение титано-магнетитовых руд с ванадием | 72 | 24 | 4 |
| Колвицкое титаномагнетитовое месторождение | 90 | 8 | 2 |

Общая сумма годовых капитальных затрат на пусковые работы, приведенных к первому году начала эксплуатации с компенсацией потерь ими денежной ценности, начиная с года, в котором они расходовались:

$$K_{ф.э} = 2\sum_{t=1}^{T_э} K_{ф.t} - \sum_{t=1}^{T_э} \frac{K_{ф.t}}{(1+i)^t},$$ (12)

где $T_э$ – год начала стадии эксплуатации, лет; $t$ – год вложения средств на капитальные работы, лет; $K_{ф.t}$ – затраты, которые потребуются с учетом компенсации потерь денежной ценности на выполнение полного объема капитальных работ в $t$-ом году пускового периода, руб.

Возмещение капитальных затрат принято производить из остатка дохода после возмещения эксплуатационных затрат:

$$K_{в.t} = Д_{м.ф.t} - З_{ф.t}.$$ (13)

Если при этом капзатраты пускового периода $K_{ф.э}$ возмещаются не полностью $(K_{ф.э} > K_{в.t})$, то их остаток $(K_{ф.э} - K_{в.t})$ вместе с капзатратами на «текущие» работы $(K_{ф.t})$ переносится на возмещение из дохода следующего года с учетом компенсации потерь ими денежной ценности за этот год, руб.:

$$K_{ф.э.t} = 2(K_{ф.э} + K_{ф.t} - K_{в.t}) - \frac{(K_{ф.э} + K_{ф.t} - K_{в.t})}{1+i}.$$ (14)

Эти операции повторяются до года, в котором после возмещения эксплуатационных затрат из полученного дохода его остаток оказывается достаточным для возмещения оставшейся суммы капитальных затрат $(Д_{м.ф.t} - З_{ф.t} > K_{ф.э.t})$. Продолжительность периода возмещения капзатрат определяется по году, в котором соблюдается это условие.

Ниже (табл. 4) приведены результаты возмещения капитальных затрат на примере проявления флогопита Петяйянвара (Мурманская область).

### 3.3. Метод оценки проектов освоения месторождений с учетом стоимости расходуемых запасов и влияния инфляции

Метод оценки проектов освоения новых месторождений [22,40] построен на том же принципе, что и метод оценки результатов эксплуатации месторождений действующими горными предприятиями [1,22,41]. А именно, стоимость расходуемых запасов полезного ископаемого привлекается для соблюдения сбалансированности экономических интересов государства и недропользователя и обеспечения, тем самым, объективной экономической основы выбора рационального варианта проекта. Некоторое отличие расчетного механизма метода оценки ожидаемых результатов реализации проекта освоения месторождений связано с учетом влияния инфляции.

Экономическая оценка проектов должна охватывать стадию пусковых капитальных работ и начальную стадию эксплуатации, желательно за период, достаточный для достижения горным предприятием полной мощности по производству товарной продукции. Оценка эффективности проектов по существу выполняется по результатам начальной стадии эксплуатации месторождения, поскольку возмещение затрат на капитальные работы пускового периода происходит также в эту стадию. Оценку проектных решений желательно выполнять как по средним показателям, ожидаемым за всю начальную стадию эксплуатации, так и по годам этой стадии для лучшего представления об изменении величины показателей. Целесообразна следующая последовательность оценки проектов: в начале с учетом влияния на показатели инфляции, в последующем – с привлечением стоимости расходуемых запасов полезного компонента.

Доход, ожидаемый в начальной стадии эксплуатации по годам и всего:

$$\sum_{t=1}^{T} Д_{м.ф.t} = \sum_{t=1}^{T} Д_{к.t}(2Ц_о - \frac{Ц_о}{(1+i)^t}) \,. \tag{15}$$

Затраты на эксплуатацию по годам и всего согласно (8).

Возмещение капитальных затрат по годам и всего в начальную стадию эксплуатации согласно методу, приведенному в (3.2), но не более:

$$\sum_{t=1}^{T} К_{в.t} = \sum_{t=1}^{T} Д_{м.ф.t}(1-0,01H) - \sum_{t=1}^{T} З_{ф.t} \,, \tag{16}$$

где $H$ – сумма налоговых ставок общего назначения, %.

Возмещение капитальных затрат при освоении проявления флогопита
Петяйянвара

| Показатели | Годы | | | | | | |
|---|---|---|---|---|---|---|---|
| | 1 | 2 | 3 | 4 | 5 | 6 | 7 |
| Производство товарной продукции $Д_{к.t}$, т | 0 | 0 | 0 | 10000 | 10000 | 10000 | 10000 |
| Базовая цена продукции $Ц_o$, руб./т | 0 | 0 | 0 | 15000 | 15000 | 15000 | 15000 |
| Капитальные затраты по проекту $К_t$, млн. руб. | 70 | 100 | 140 | 0 | 0 | 0 | 0 |
| Эксплуатационные затраты по проекту $З_t$, млн. руб. | 0 | 0 | 0 | 25 | 25 | 25 | 25 |
| Затраты (базовые) на разведку $С_p$, руб./т | 0 | 0 | 0 | 50 | 50 | 50 | 50 |
| Затраты фактические, млн.руб.: | | | | | | | |
| - капитальные работы $К_{ф.t}$ | 73,3 | 109,3 | 159,1 | 0 | 0 | 0 | 0 |
| - эксплуатационные работы $З_{ф.t}$ | 0 | 0 | 0 | 29,4 | 30,4 | 31,3 | 32,2 |
| Фактическая цена продукции $Ц_{ф.t}$, руб./т | 0 | 0 | 0 | 18233 | 19144 | 20101 | 21106 |
| Фактический доход $Д_{к.ф.t}$, млн. руб. | 0 | 0 | 0 | 182,3 | 191,4 | 201,0 | 211,1 |
| Возмещение эксплуатационных затрат $З_{ф.t}$, млн. руб. | 0 | 0 | 0 | 29,4 | 30,4 | 31,3 | 32,2 |
| Возмещение затрат на разведку $Б_c С_{р.ф.t}$, млн. руб. | 0 | 0 | 0 | 0,68 | 0,70 | 0,72 | 0,74 |
| Капвложения приведенные к году начальной эксплуатации $К_{ф.э}$, млн. руб. | | | | 369,4 | | | |

| | | | | | | |
|---|---|---|---|---|---|---|
| Возмещение капзатрат при эксплуатации $К_{в.t}$, млн. руб. | | | | 152,2 | 160,3 | 70,4 | |
| Остаток от дохода после возмещения всех затрат, млн. руб. | | | | | | 98,5 | |

Прибыль, ожидаемая по годам и всего в начальной стадии эксплуатации месторождения:

$$\sum_{t=1}^{T} П_{p.t} = \sum_{t=1}^{T} Д_{м.ф.t}(1-0,01H) - \sum_{t=1}^{T} З_{ф.t} - \sum_{t=1}^{T} К_{в.t}. \tag{17}$$

Затраты на геолого-разведочные работы на 1 т запасов полезного компонента с учетом компенсации потерь денежной ценности по годам и всего в начальной стадии эксплуатации месторождения:

$$\sum_{t=1}^{T} С_{p.ф.t} = 2\sum_{t=1}^{T} С_p - \sum_{t=1}^{T} \frac{С_p}{(1+i)^t}, \tag{18}$$

где $С_p$ – ставка затрат на геолого-разведочные работы на 1 т запасов полезного компонента в год завершения проектирования, руб./т.

Сверхприбыль либо ущерб, зависящие от благоприятных или неблагоприятных условий освоения месторождения в начальной стадии его эксплуатации по годам и всего:

$$\sum_{t=1}^{T} \Delta П_{p.t} = \sum_{t=1}^{T} Д_{к.t}Ц_{ф.t}(1-0,01H) - \sum_{t=1}^{T} З_{ф.t}(1+К_{пр.}) - \sum_{t=1}^{T} К_{в.t}(1+К_{пр.}) - \\ - Б_t c_t С_{p.ф.t}(1+К_{пр.}), \tag{19}$$

где $Б_t$ – запасы полезного ископаемого, израсходованные в $t$-ом году при эксплуатации месторождения, т; $c_t$ – содержание полезного компонента в запасах месторождения, израсходованных в $t$-ом году эксплуатации, %.

Стоимость 1 т запасов полезного компонента, ожидаемая по годам и всего в начальной стадии эксплуатации:

$$\sum_{t=1}^{T} С_{н.ф.t} = \sum_{t=1}^{T} С_{p.ф.t}(1+К_{пр.}) + \frac{\sum_{t=1}^{T} \Delta П_{p.t}}{\sum_{t=1}^{T} Б_t c_t}. \tag{20}$$

Прибыль, ожидаемая в начальной стадии эксплуатации при реализации проекта освоения месторождения с учетом стоимости запасов полезного компонента, расходуемых на производство товарной продукции:

$$\sum_{t=1}^{T} П_{p.t} = \sum_{t=1}^{T} Д_{м.ф.t}(1-0,01H) - \sum_{t=1}^{T} З_{ф.t} - \sum_{t=1}^{T} К_{в.t} - \sum_{t=1}^{T} Б_t c_t C_{н.ф.t}. \qquad (21)$$

Ниже (табл. 5) приведен пример экономической оценки проекта освоения проявления флогопита Петяйянвара в начальной стадии эксплуатации.

Таблица 5

Оценка эффективности освоения проявления флогопита Петяйянвара

| Показатели | Стадия начальной эксплуатации (годы) | | | | Всего |
|---|---|---|---|---|---|
| | 1 | 2 | 3 | 4 | |
| Производство товарной продукции $Д_{к.t}$, т | 10000 | 10000 | 10000 | 10000 | |
| Израсходовано запасов флогопита $Б_c$, т | 11500 | 11500 | 11500 | 11500 | |
| Доход $Д_{м.ф.t}$, млн. руб. | 182,3 | 191,4 | 201,0 | 211,1 | 785,8 |
| Возмещение капитальных затрат $К_{в.t}$, млн. руб. | 152,2 | 160,3 | 70,4 | 0 | |
| Затраты на эксплуатацию $З_{ф.t}$, млн. руб. | 29,4 | 30,4 | 31,3 | 32,2 | |
| Прибыль с учетом инфляции $П_{p.t}$, млн. руб. | 0,7 | 0,7 | 99,3 | 178,9 | 229,6 |
| Возмещение затрат на разведку, млн. руб. | 0,68 | 0,7 | 0,72 | 0,74 | |
| Сверхприбыль или ущерб $\sum \Delta П_{p.t}$, млн.руб. | | | | | 146,4 |
| Стоимость запасов флогопита $\sum Б_c C_{н.ф.t}$, руб. | | | | | 148,2 |
| Прибыль с учетом стоимости израсходованных запасов $\sum_{t=1}^{T} П_p$, млн. руб. | | | | | 81,4 |

## 4. ОБЕСПЕЧЕНИЕ СБАЛАНСИРОВАННОСТИ ЭКОНОМИЧЕСКИХ ИНТЕРЕСОВ ГОСУДАРСТВА И НЕДРОПОЛЬЗОВАТЕЛЯ ПРИ ОСВОЕНИИ ПЕРСПЕКТИВНЫХ МЕСТОРОЖДЕНИЙ

### 4.1. Функциональная связь стоимости запасов месторождений с природными и техногенными факторами

На стоимость запасов полезных компонентов влияют как природные, так и техногенные факторы. К числу первых относятся вид и содержание полезного компонента в запасах месторождения, горно-геологические условия освоения месторождения (форма, размеры, глубина залегания рудных тел и пр.). К числу вторых – способ и технология добычи и переработки добытой руды, от которых зависят полнота извлечения полезных компонентов, затраты на производство товарной продукции. В свою очередь выбор способа и технологии недропользования во многом зависит от природных условий освоения месторождений.

Ниже, на примере Ковдорского месторождения слюды флогопита, показана зависимость стоимости запасов этого полезного компонента от основных природных и техногенных факторов.

Содержание флогопита (рис. 3), как показывают результаты сплошного опробования разведочных выработок [1,42], на месторождении весьма изменчиво и на разных участках может отличаться в несколько раз. Также изменчиво качество флогопита – крупность кристаллов слюды, от которого весьма существенно (в 2-3 раза) может меняться стоимость товарной продукции.

Оценка стоимости запасов флогопита в зависимости от его содержания и качества выполнена на примере двух участков месторождения. На одном флогопит представлен кристаллами крупностью от 4 до 50 см$^2$, среднее содержание его на этом участке 150 кг/м$^3$, что несколько ниже среднего по месторождению, и меняется по участку в пределах от 50 кг/м$^3$ (бортовые) до 300 кг/м$^3$. На другом участке флогопит представлен более крупными (свыше 100 см$^2$) и ценными кристаллами, среднее содержание его 220 кг/м$^3$, выше среднего по месторождению, меняется по участку от 80 до 580 кг/м$^{3.}$.

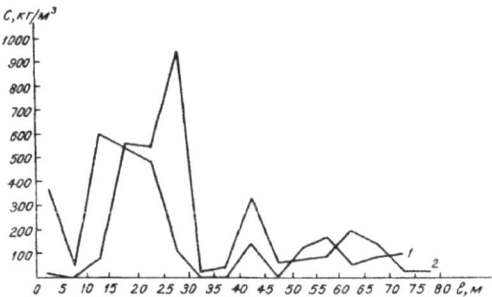

*1 – разведочные скважины; 2 – разведочный орт*
*Рис. 3. Изменчивость содержания флогопита на участке гор. +104 м*
*Западной залежи Ковдорского месторождения по данным детальной разведки*

Как видно (рис. 4 и 5), стоимость запасов полезного компонента увеличивается с ростом содержания в запасах, подчиняясь зависимости одного и того же вида. Основное влияние на величину стоимости запасов флогопита, в данном случае, оказывает сверхприбыль (либо ущерб), характер зависимости которой от содержания флогопита в запасах такой же, как и стоимости запасов полезного компонента. На участке с менее ценным флогопитом при снижении его содержания ниже 100 кг/м$^3$ стоимость запасов приобретает отрицательное значение вследствие ущерба от неблагоприятных природных условий освоения.

Потери в недрах и в отходах при обогащении добытой руды, а также от повреждений кристаллов влияют на количество запасов, которое потребуется для производства товарной продукции:

$$Б = \frac{Д_к}{c(1-n)(1-0{,}01П)(1-n_{хв.})}, \qquad (22)$$

где $Д_к$ – товарная продукция, т; $c$ – содержание полезного компонента в запасах месторождения, т/м$^3$; $n$ – потери полезного ископаемого в недрах при добыче, доли ед.; $П$ – потери кристаллосырья от повреждений при добыче [42-44], %; $n_{хв.}$ – потери полезного компонента с отходами обогащения, доли ед.

В результате эти потери непосредственно влияют на затраты на разведку израсходованных запасов, на сверхприбыль (либо ущерб) и, в конечном итоге, на величину стоимости этих запасов. Как видно (рис. 6), на примере участка Ковдорского месторождения с содержанием флогопита 150 кг/м³ рост потерь полезного компонента ведет к снижению сверхприбыли на 1 т израсходованных запасов и стоимость последних по зависимости линейного вида.

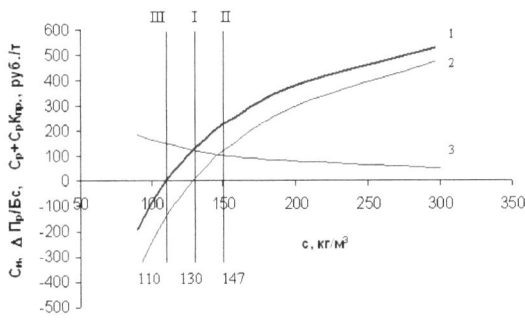

*1 – стоимость 1 т запасов флогопита $C_н$, руб./т; 2 – сверхприбыль (или ущерб) за счет благоприятных (или неблагоприятных) условий освоения месторождения в расчете на 1 т запасов флогопита ($\Delta П_р/Б_с$), руб./т; 3 – затраты на разведку 1 т запасов флогопита и нормативная прибыль на затраты ($C_р+C_рК_{пр.}$), руб./т; с – содержание флогопита в месторождении, кг/м³*

*Рис. 4. Зависимость стоимости флогопита от содержания в запасах (кристаллы средней и ниже крупности)*

Существенное влияние на стоимость расходуемых запасов полезного компонента оказывает себестоимость производства товарной продукции. Последняя, в свою очередь, зависит от многих факторов, в том числе способа и технологии, выбранных с учетом природных условий месторождения, содержания полезного компонента в запасах, потерь в отходах обогащения и от повреждений кристаллосырья, в совокупности своей определяющих количество руды, которое потребуется для обеспечения заданного производства товарной продукции:

$$Д = \frac{Д_к а_к}{с(1-p)(1-0,01П)(1-n_{хв.})},$$ (23)

где $a_к$ – содержание полезного компонента в товарной продукции; $p$ – разубоживание добытой руды; $n_{хв.}$ – потери полезного компонента в отходах обогащения.

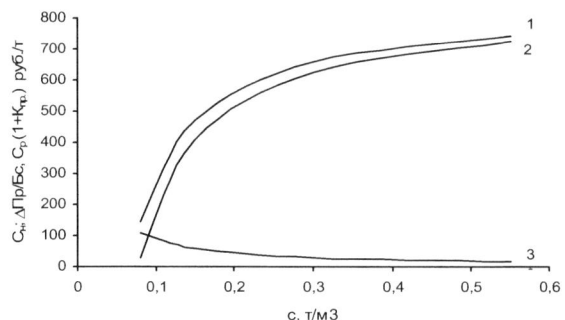

*1 – стоимость запасов флогопита $C_н$, руб./т; 2 – сверхприбыль на 1 т запасов флогопита, полученная за счет благоприятных условий освоения месторождения $\Delta П_р/Б_с$, руб./т; 3 – затраты на прирост 1 т запасов флогопита с учетом прибыли, приходящейся на затраты $C_р(1+К_{пр.})$, руб./т; с – содержание флогопита в недрах, т/м³*
*Рис. 5. Зависимость стоимости флогопита от содержания в запасах (кристаллы выше средней крупности)*

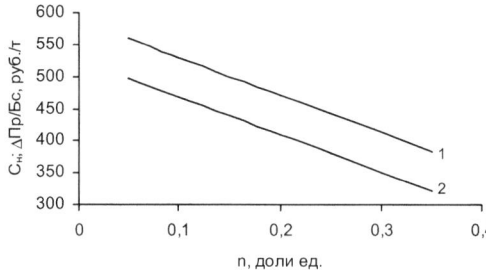

*1 – стоимость запасов флогопита $C_н$, руб./т; 2 – сверхприбыль на 1 т запасов полезного компонента $\Delta П_р/Б_с$, руб./т; n – потери запасов полезного ископаемого в недрах, доли ед.*
*Рис. 6. Зависимость стоимости запасов полезного компонента от потерь в недрах (Ковдорское месторождение флогопита)*

Ниже (рис. 7) на примере Ковдорского флогопитового месторождения приведены результаты определения стоимости запасов полезного компонента в зависимости от себестоимости производства товарной продукции, в свою очередь зависящей от приведенных выше природных и техногенных факторов.

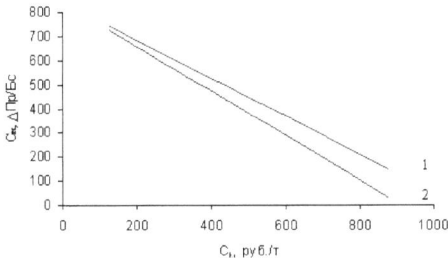

*1 – стоимость запасов флогопита $C_н$, руб./т; 2 – сверхприбыль на 1 т израсходованных запасов флогопита, руб./т; $C_к$ – себестоимость товарной продукции, руб./т*

*Рис. 7. Зависимость стоимости запасов полезного компонента от себестоимости товарной продукции (Ковдорское месторождение флогопита)*

### 4.2. Метод обоснования экономически допустимых потерь запасов полезного компонента

Как следует из концепции, предложенной и обоснованной Горным институтом КНЦ РАН [36], задача обоснования экономически допустимых (оправданных) потерь полезного компонента может быть решена на объективной экономической основе в случае привлечения стоимости запасов полезного компонента к оценке результатов эксплуатации месторождения.

Величина потерь полезного ископаемого зависит от многих факторов. К числу управляемых относятся система разработки и ее конструктивное исполнение, техника, технология и организация горных работ и др. Поэтому потери, с точки зрения их экономической значимости, могут быть правильно оценены только с позиций общего экономического результата разработки месторождения или его участка. Лучшим следует считать такой подход к обоснованию нормативных потерь, когда имеется возможность выбрать наиболее экономически выгодный вариант геотехнологии из числа конкурирующих возможных в данных условиях. В этом случае потери, соответствующие этому варианту геотехнологии, следует принять в качестве нормативных, как экономически наиболее оправданных. Ниже изложен метод экономической оценки вариантов геотехнологии разработки месторождений и обоснования экономически приемлемых потерь с привлечением для этой цели стоимости расходуемых запасов месторождений.

Стоимость 1 т запасов полезного компонента, израсходованных на производство товарной продукции, включает возмещение затрат, понесенных на разведку, прибыли, приходящейся на эти затраты в соответствии с действующим нормативом, а также сверхприбыль либо ущерб, зависящие от природных условий освоения месторождения:

$$C_н = (C_{р.в.} + C_{р.г.})(1 + К_{пр.}) + \frac{\Delta П_р}{Б_с}, \qquad (24)$$

$$\Delta П_р = Д_к Ц_о (1 - 0{,}01H) - Д_к С_к (1 + К_{пр.}) - Б_с (C_{р.в.} + C_{р.г.})(1 + К_{пр.}). \quad (25)$$

Стоимость всех запасов полезного компонента, израсходованных горным предприятием на производство заданного объема товарной продукции:

$$Б_с С_н = Б_с (C_{р.в.} + C_{р.г.})(1 + К_{пр.}) + \Delta П_р. \qquad (26)$$

Полная прибыль от производства заданного количества товарной продукции (общая прибыль владельца недр – государства и горного предприятия) с учетом стоимости расходуемых запасов:

$$П_р = Д_к Ц_о (1 - 0{,}01H) - Д_к С_к - Б_с С_н + Б_с (C_{р.в.} + C_{р.г.}) К_{пр.} + \Delta П_р \quad (27)$$

или $\qquad П_р = Д_к Ц_о (1 - 0.01H) - Д_к С_к - Б_с (C_{р.в.} + C_{р.г.}).$

Вариант геотехнологии, обеспечивающий максимальную полную прибыль от реализации товарной продукции, в затратах на которую учтена стоимость израсходованных на неё полезных компонентов, следует считать отвечающим рациональному использованию запасов месторождения.

Ниже на примере Ковдорского месторождения флогопита, разведка и подсчет запасов которого выполнены за счет государства, рассмотрены варианты, отличающиеся потерями полезного ископаемого в недрах и себестоимостью добытой руды. Между этими показателями существует определенная связь. На практике обычно стремление уменьшить потери при разработке месторождений ведет к необходимости увеличения затрат на добычу и наоборот. Эта ситуация отражена в приведенном примере (табл. 6)

Если при экономической оценке не учитывать стоимость расходуемых запасов полезного компонента в недрах, выгодным оказывается вариант «А», обеспечивающий самую низкую себестоимость добычи руды. Но потери в недрах при этом варианте достигнут 35%. Последнее обстоятельство свидетельствует о том, что при таком подходе, т.е. без привлечения к оценке стоимости расходуемых запасов, не могут в полной мере соблюдаться экономические интересы владельца недр – государства.

Экономическая оценка с учетом стоимости расходуемых запасов полезного компонента показала, что наиболее выгодным оказывается вариант «В». Себестоимость добычи руды у этого варианта несколько выше (19,35 руб./т против 19,2 руб./т), чем у варианта «А», но прибыль от реализации одинакового количества товарной продукции самая высокая из всех вариантов (2558,5 тыс. руб.), в том числе и по сравнению с вариантом «А», поскольку на выпуск товарной продукции расходуется меньше запасов из-за небольших потерь в недрах (за исключением варианта «Г», у которого потери в недрах самые низкие, но затраты на разработку месторождения выше, чем у всех других вариантов, а прибыль ниже). Поскольку экономическая оценка показала, что при учёте всех ресурсов, включая запасы полезного компонента, расходуемых на производство товарной продукции, наиболее выгодным является вариант разработки «В», имеются все основания принять потери, соответствующие этому варианту, в качестве нормативных. Кроме того, ввиду участия запасов месторождения в экономической оценке появляется возможность соблюдения сбалансированности экономических интересов владельца недр – государства и недропользователя, которые отличаются, как известно, некоторой противоречивостью.

Экономическая оценка вариантов разработки
с привлечением стоимости запасов месторождения

| Показатели | Варианты | | | |
|---|---|---|---|---|
| | А | Б | В | Г |
| **Исходные:** | | | | |
| Потери в недрах $n$, доли ед. | 0,35 | 0,3 | 0,05 | 0,02 |
| Себестоимость добычи руды $C_д$, руб./т | 19,2 | 20,2 | 19,35 | 22,4 |
| **Расчетные:** | | | | |
| Запасы полезного ископаемого $Б$, т | 177587 | 164902 | 121507 | 117787 |
| Стоимость запасов полезного компонента $C_н$, руб./т | 274,4 | 278,4 | 397,6 | 337,1 |
| Себестоимость товарной продукции $C_к$, руб./т | 738,8 | 764,4 | 742,6 | 820,8 |
| Прибыль от реализации товарной продукции с учетом стоимости запасов $П_р$, тыс. руб. | 2472,3 | 2367,9 | 2558,5 | 2174,3 |
| Стоимость запасов, потерянных в недрах $Б_с n C_н$, тыс. руб. | 852,9 | 688,7 | 120,8 | 39,7 |
| Стоимость запасов, потерянных при обогащении $(Да - Д_к а_к)С_н$, тыс. руб. | 280,4 | 284,4 | 406,2 | 344,4 |

4.3. Метод экономически сбалансированного распределения дохода, ожидаемого в начальной стадии освоения перспективных месторождений

Известно, что экономические интересы государства – владельца недр и горных предприятий - недропользователей отличаются некоторой противоречивостью, наблюдавшейся ранее и более обнаруживающей себя при переходе к рыночным условиям экономики. В связи с этим проблема справедливого распределения дохода от предстоящей эксплуатации новых месторождений приобретает большую остроту и может решаться только исходя из принципа соблюдения сбалансированности экономических интересов сторон. Идея соблюдения сбалансированности выдвигалась и признавалась неоднократно, но в большинстве работ, посвященных ей, для ее реализации предлагается рентный подход при соответствующем совершенствовании налоговой системы. В работах [1,22,41] предложено осуществлять сбалансированность по вкладу ресурсов в производство товарной продукции каждой из названных сторон. Поскольку горное предприятие на производство товарной продукции затрачивает свои трудовые, материально-технические и другие ресурсы, а со стороны государства на эту же цель расходуются принадлежащие ему минерально-сырьевые ресурсы, то осуществить сбалансированность их экономических интересов можно, оценив расход всех ресурсов в денежном выражении. Для оценки вклада государства в производство товарной продукции и, соответственно, его доли в ожидаемом доходе предлагается использовать стоимость расходуемых запасов полезного компонента, метод определения которой для месторождений, намечаемых к освоению, изложен выше [3.3].

Стоимость 1 т запасов полезного компонента включает затраты на их разведку ($C_p$, руб./т), нормативную прибыль на понесенные затраты ($K_{np.}$, доли ед.), сверхприбыль или ущерб ($\Delta П_p/Б_c$, руб./т), вызванные благоприятными или неблагоприятными природными условиями освоения месторождения:

$$C_н = C_p(1+K_{np.}) + \frac{\Delta П_p}{Б_c} \qquad (28)$$

и $\Delta П_p = Д_к Ц_о(1-0,01Н) - Д_к С_к(1+K_{np.}) - К_в(1+K_{np.}) - Б_c С_p(1+K_{np.})$, (29)

где $Д_к$ – количество произведенной товарной продукции в текущем году, т; $Ц_о$ – цена товарной продукции в текущем году, руб./т; $Н$ – сумма налоговых ставок общего назначения на доход, %; $С_к$ – себестоимость производства товарной продукции в текущем году, руб./т; $К_в$ – возмещение капитальных затрат в текущем году эксплуатации с компенсацией потерь денежной ценности из-за инфляции с момента производства капитальных работ, руб.; $С$ – содержание полезного компонента в запасах полезного ископаемого $(Б)$, расходуемых на производство товарной продукции, кг/м$^3$, %.

Из выражений (28) и (29) следует:

$$C_{H} = \frac{Д_{к}Ц_{о}(1-0{,}01H) - Д_{к}С_{к}(1+K_{пр.}) - K_{в}(1+K_{пр.})}{Б_{с}}. \tag{30}$$

Числитель в формуле (30) показывает доход, полученный от реализации товарной продукции $Д_{к}Ц_{о}(1-0{,}01H)$ и отчисления из дохода в пользу горного предприятия, включающие восполнение затрат, понесенных на производство товарной продукции с учетом нормативной прибыли на них $Д_{к}С_{к}(1+K_{пр.})$, и возмещение капитальных затрат, также с учетом прибыли, приходящейся на них $K_{в}(1+K_{пр.})$, и в итоге – тот остаток из дохода, который приходится государству как собственнику недр и участнику геолого-разведочных работ.

В случае, если все геолого-разведочные работы выполнялись за счет средств государства, его доля из дохода, который может быть получен при эксплуатации месторождения, составит:

$$A_{с} = Б_{с}С_{H}, \tag{31}$$

а доля горного предприятия, руб.:

$$A_{г} = Д_{к}С_{к}(1+K_{пр.}) + K_{в}(1+K_{пр.}). \tag{32}$$

При этом $A_{с} + A_{г} = Д_{к}Ц_{о}(1-0{,}01H)$.

В случае, если часть геолого-разведочных работ выполнялась за счет средств горного предприятия, оно вправе возместить эти затраты и получить прибыль на них при распределении дохода:

$$\Delta A_{г} = Б_{с}\Delta C_{р}(1+K_{пр.}), \tag{33}$$

где $\Delta C_{р}$ - затраты горного предприятия на разведку в расчете на 1 т запасов полезного компонента, руб./т.

Соответственно, уменьшается доля государства в ожидаемом доходе:

$$A_{с} = Б_{с}С_{H} - Б_{с}C_{р}(1+K_{пр.})(1-\Delta). \tag{34}$$

В зависимости от того, насколько природные условия могут оказаться неблагоприятными для освоения месторождения, стоимость его запасов окажется меньше расходов на их разведку

$0 < C_н < C_p(1 + K_{пр.})$, равной нулю $(C_н = 0)$ или примет отрицательное значение $C_н < 0$. Соответственно этим изменениям стоимости будет снижаться доля государства, как собственника минерально-сырьевой базы, в ожидаемом доходе при реализации проекта освоения месторождения.

В ситуации, когда $0 < C_н < C_p(1 + K_{пр.})$, полученного дохода, как это следует из формулы (30), окажется достаточно, чтобы восполнить затраты, понесенные горным предприятием, и приходящейся на них прибыли, но доля государства в доходе уменьшится и составит:
$$A_с = Б_с C_н < Б_с C_p (1 + K_{пр.}).$$

В ситуации, когда $C_н = 0$, полученного дохода достаточно для восполнения горному предприятию его затрат и прибыли на них, государство же не получает из дохода ничего: $A_с = 0$.

В ситуации, когда стоимость запасов месторождения приобретает отрицательное значение $(C_н < 0)$, полученного дохода, кроме того, окажется недостаточно для возмещения горному предприятию всех понесенных им затрат и прибыли на них: $A_г < Д_к C_к (1 + K_{пр.}) + К_в (1 + K_{пр.})$.

Горному предприятию разработка такого месторождения невыгодна. Если государству по каким либо причинам разработка месторождения необходима, оно должно возместить горному предприятию невозмещенные из дохода его затраты и прибыль, приходящуюся на них:
$$A_д = Д_к C_к (1 + K_{пр.}) + К_в (1 + K_{пр.}) - Д_к Ц_о (1 - 0,01H). \qquad (35)$$

Таким образом, в этой ситуации горное предприятие должно получить всего, руб.:
$$A_г = Д_к Ц_о (1 - 0,01H) + A_д \quad \text{или} \quad A_г = Д_к C_к (1 + K_{пр.}) + К_в (1 + K_{пр}) \qquad (36)$$

Государство, кроме указанной дотации $(A_д)$ горному предприятию, несет в этой ситуации ущерб из-за невосполнения своих расходов на разведку и прибыли, приходящейся на них: $У_с = Б_с C_p (1 + K_{пр.})$.

Полный ущерб государству составит: $У = A_д + A_с$ или в данной ситуации $У = Б_с C_н$.

Ниже (табл. 7) на примере проявления флогопита Петяйянвара (Кольский полуостров) приведены результаты распределения дохода, ожидаемого в первые годы начальной стадии эксплуатации.

Распределение дохода, ожидаемого при освоении проявления флогопита Петяйянвара

| Наименование показателей | Годы начальной стадии эксплуатации | | | |
|---|---|---|---|---|
| | 1 | 2 | 3 | 4 |
| Производство флогопита $Д_к$, т | 10000 | 10000 | 10000 | 10000 |
| Цена флогопита с учетом компенсации инфляции $Ц_о$, руб./т | 18232,6 | 19144,2 | 20101,4 | 21106,5 |
| Доход от реализации за вычетом налогов $Д_к Ц_о (1-0,01H)$, млн. руб. | 164,1 | 172,3 | 180,9 | 189,5 |
| Возмещение эксплуатационных затрат с учетом прибыли и с компенсацией инфляции $Д_к С_к (1+К_{пр.})$, млн. руб. | 32,34 | 33,34 | 34,43 | 35,42 |
| Возмещение капитальных затрат с учетом прибыли и с компенсацией инфляции $К_в$, млн. руб. | 167,42 | 176,33 | 77,44 | 0 |
| Возмещение затрат на разведку с учетом прибыли и с компенсацией инфляции $Б_с С_р (1+К_{пр.})$, млн. руб. | 0,75 | 0,77 | 0,79 | 0,81 |
| Стоимость запасов флогопита $С_н$, руб./т | -3261 | -3311,2 | 5998,5 | 13435 |
| Сверхприбыль (+) или ущерб (-) $ΔП_р$, млн. руб. | -36,5 | -38,3 | 68,2 | 153,8 |
| Погашено запасов флогопита $Б_с$, т | 11500 | 11500 | 11500 | 11500 |
| Дотация горному предприятию $А_д$, млн. руб. | 36,69 | 37,51 | 0 | 0 |
| Полный ущерб государству $А_д + Б_с С_р (1+К_{пр.})$, млн. руб. | 37,4 | 38,28 | 0 | 0 |

Как видно, дохода, полученного в первый год эксплуатации (164,1 млн. руб.), горному предприятию недостаточно для полного возмещения эксплуатационных (32,34 млн. руб.) и капитальных затрат (167,42 млн. руб.), а государству – затрат, понесенных на разведку (0,75 млн. руб.). В этих условиях горное предприятие нуждается в дотации (36,69 млн. руб.), а государство несет ущерб равный 37,4 млн. руб., включающий, кроме дотации, невосполнение затрат, понесенных на разведку. Стоимость запасов, израсходованных в этот первый год эксплуатации, характеризуется отрицательной величиной (-3261 руб./т). При этом стоимость всех погашенных запасов $Б_c C_н$ = 11500·(-3261)=-37,4 млн. руб. соответствует ущербу, который несет государство $А_д+А_с$=36,69+0,75=37,4 млн. руб. Аналогичная ситуация ожидается на второй год эксплуатации, для которого также стоимость запасов характеризуется отрицательной величиной. В последующие годы ситуация меняется, поскольку условия освоения месторождения становятся более благоприятными (возмещение затрат, израсходованных на пусковые капитальные работы на третий год эксплуатации резко снижается и в последующие годы не требуется). Так, на 3-й год эксплуатации полученный доход (180,9 млн. руб.) оказывается достаточным для возмещения горному предприятию эксплуатационных затрат (34,43 млн. руб.) и капитальных затрат (77,44 млн. руб.), а доля государства в доходе составит 68,99 млн. руб., в том числе, за счет сверхприбыли (68,2 млн. руб.) и возмещения затрат на разведку с учетом прибыли на них (0,79 млн. руб.).

Таким образом, выяснение стоимости запасов полезных компонентов, расходуемых на производство товарной продукции, дает возможность с применением рассмотренного метода справедливо, в соответствии с долевым участием государства и горно-промышленного комплекса в освоении новых месторождений, распределить ожидаемый при этом доход.

Современная налоговая система предусматривает взимание налогов не принимая во внимание, окажется ли достаточной величина дохода, получаемого в первый период начавшейся эксплуатации, когда производственные мощности еще только осваиваются, а затраты, понесенные в пусковой период на капитальные работы, только начинают возмещаться из полученного дохода. В методе распределения дохода, в том числе в начальный период эксплуатации месторождений, предусмотрено взимание с горно-промышленного предприятия налогов общего назначения (в данном случае показанных условно в виде общей суммы их ставок «Н»), кроме специфического налога на добытое полезное ископаемое. Последний, согласно рассматриваемому методу, как таковой с горных предприятий не берется, поскольку «компенсируется» при вычислении размера той части дохода, которая соответствует долевому участию государства, как собственника недр, в освоении конкретного месторождения.

В заключение отметим также наиболее существенные недостатки существующего налогового законодательства в отношении изъятия у горных предприятий налога на добытое полезное ископаемое. Согласно налоговому законодательству, если добытое полезное ископаемое не является товарной продукцией, а это имеет место в подавляющем большинстве случаев, то за налоговую базу принимается так называемая «стоимость» добытого полезного ископаемого, под которой из-за отсутствия цены продажи добытого полезного ископаемого принимаются затраты горного предприятия на добычу. Во-первых, это неправильно, поскольку по своему содержанию эти понятия (термины) совершенно разные. Во-вторых, затраты горных предприятий на добычу существенно зависят от условий освоения месторождения (природных, социально-промышленной освоенности территории), т. е. не зависящих от недропользователя. С их ухудшением затраты недропользователя растут и наоборот, т. е. налоговая база в первом случае (на месторождениях с худшими условиями) возрастает и, соответственно, размер начисляемого налога, а при благоприятных условиях налог снижается. Это находится в полном противоречии со здравым смыслом.

Метод распределения ожидаемого дохода, в основу которого положено определение стоимости запасов полезных компонентов в недрах и их расход на производство товарной продукции, лишен указанных недостатков. Полученные с его помощью результаты могут быть использованы как непосредственно для расчетов горных предприятий с государством за использованные запасы месторождений, так и для совершенствования налогового законодательства.

## 5. ПЕРСПЕКТИВНЫЕ МИНЕРАЛЬНО-СЫРЬЕВЫЕ ИСТОЧНИКИ КОЛЬСКОГО РЕГИОНА

### 5.1. Состояние минерально-сырьевой базы региона

Кольский регион отличается многочисленностью источников минерально-сырьевых ресурсов и разнообразием полезных компонентов в их запасах. В регионе известны более 400 проявлений и точек минерализации, в том числе около 200 разведанных с разной степенью детализации, содержащих в своих запасах 64 химических элемента. Государственный фонд недр включает более 60 источников минерально-сырьевых ресурсов, в том числе 27 находящихся в эксплуатации, 14 резервных и более 20 перспективных. Резервные источники в основном территориально связаны с эксплуатируемыми месторождениями.

В настоящее время эксплуатируются месторождения (рис. 8) апатито-нефелиновых руд (ОАО «Апатит», ЗАО «Северо-Западная фосфорная компания»), медно-никелевых руд (ОАО «Кольская ГМК»), железных руд (ОАО «Олкон», ОАО «Ковдорский ГОК»), редкометалльных руд (ООО «ЛГОК»), слюд и керамического сырья (ООО «Ковдорслюда»). Продукция горно-промышленного комплекса составляет около 40% валового продукта области. Основные показатели предприятий комплекса показаны ниже (табл. 8).

Перспективные источники минерально-сырьевых ресурсов региона, в зависимости от степени их изученности, представлены как месторождениями, так и рудопроявлениями, и в основном расположены за пределами районов размещения действующих горнорудных предприятий (рис. 9). Их запасы представлены традиционно используемыми в регионе полезными ископаемыми (апатита, железа, слюды, никеля и др.), но в основном не использовавшимися ранее видами минерального сырья (титана, циркония, кианита, благородных металлов, РЗЭ). Ниже приведено описание основных перспективных источников по видам минерального сырья.

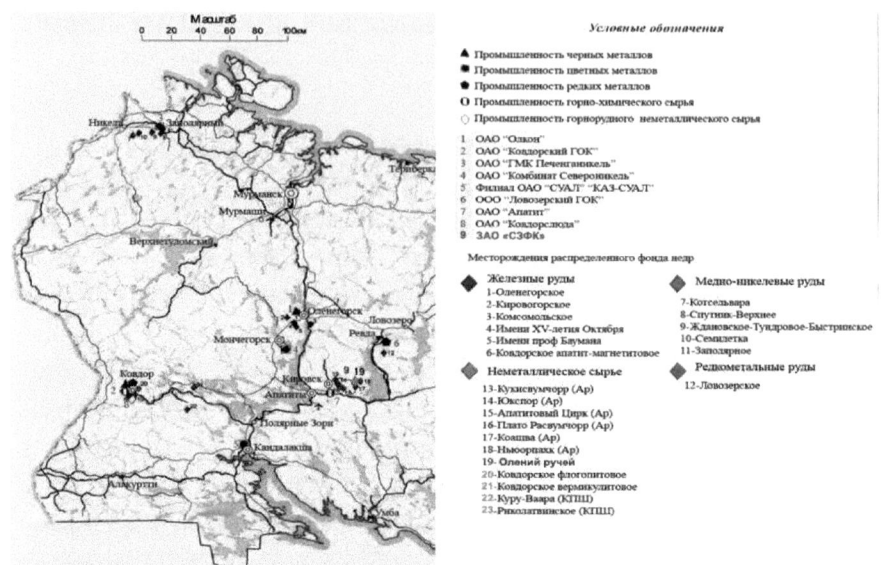

*Рис. 8. Горнопромышленный комплекс Мурманской области*

Таблица 8

Показатели работы предприятий горно-промышленного комплекса региона (2002-2013 гг.)

| Предприятия | Добыча руды, млн. т | Выпуск концентрата, тыс. т |
|---|---|---|
| ОАО «Апатит» | 23,9-29,5 | апатитовый – 7019-8853 нефелиновый – 495-1071 |
| ЗАО «СЗФК» | 3,1 (2013 г.) | апатитовый – 640 |
| ОАО «Олкон» | 9,95-15,5 | железный – 4023-4790 |
| ОАО «Ковдорский ГОК» | 12,1-18,5 | железный – 3828-5793 апатитовый – 1596-2694 бадделеитовый – 5,9-9,3 |
| ОАО «Кольская ГМК» | 6,4-8,34 | никелевый – 366-443 |
| ООО «ЛГОК» | 0,21-0,426 | лопаритовый – 5,3-8,4 |

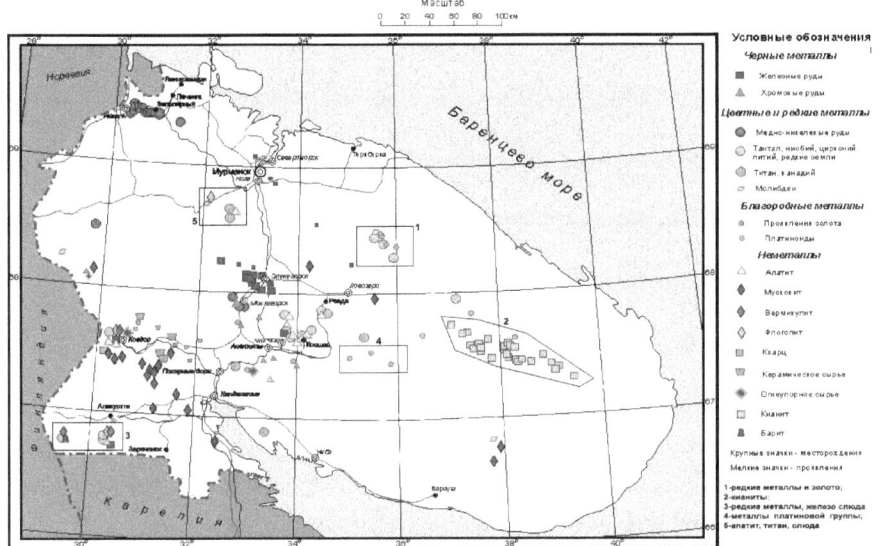

*Рис. 9. Схема размещения перспективных месторождений и проявлений полезных ископаемых Мурманской области*

## I. Руды редких металлов

В Ловозерском районе руды редких металлов обнаружены в пределах Колмозеро-Воронинской структуры, занимающей площадь протяженностью 150 км при ширине 8-12 км. В пределах этой структуры выявлен и детально разведан ряд крупных месторождений: Васин-Мыльк (Cs, Ta, Li, Be), Полмостундровское (Li, Ta, Nb, Be), а также менее изученные Охмыльк (Ta, Ni, Li, Cs, Be, Rb), Олений хребет (Ta, Li, Nb, Be). Южнее этой группы месторождений (в 50 км от месторождения Пеллапахк) расположено крупное по запасам Колмозерское месторождение лития. В этом месторождении сосредоточено около 48% активных запасов литиевых руд России. Меньше запасов, но более высокого качества руд, находится в Полмостундровском месторождении.

В Кандалакшском районе в 20 км от поселка Алакуртти разведаны месторождения редкометалльно-апатит-магнетитовых руд Тухта-Вара и пирохлоровых карбонатитов Неске-Вара. Минеральный состав руд месторождения Тухта-Вара: форстерит, магнетит, кальцит, апатит, флогопит, серпентин, гумит, акцессорные минералы: бадделеит и уран-танталовый пирохлор. Запасы апатит-магнетитовых руд месторождения Тухта-Вара подсчитаны по бортовому содержанию $P_2O_5$ 3%, редкометалльных руд – по $Ta_2O_5$ 0,006%. Минеральный состав руд месторождения Неске-Вара: кальцит, доломит, магнетит, апатит, флогопит, гумит, актинолит, пирротин, пирит, халькопирит, пирохлор, гатчеттолит, циркелит, циркон, бадделеит, ильменит.

**II. Руды благородных металлов.**

В северо-западной части Колмозеро-Воронинской структуры расположены три рудопроявления золота: Оленинское, Няльм-1 и Няльм-2.

Кольский регион выделяется в России как перспективный по запасам металлов платиновой группы. В регионе обнаружено и разведано уникальное по крупности месторождение металлов палладиево-платиновой группы «Федорова Тундра». Горно-геологические условия разведанного месторождения благоприятствуют открытому способу разработки в крупных масштабах.

**III. Титановое сырье**

В регионе разведаны три месторождения титанового сырья. Месторождение Юго-Восточная Гремяха ильменит-титаномагнетитовых руд в районе пос. Мурмаши, Колвицкое месторождение титано-магнетитовых руд и Африкандское месторождение титановых руд, расположенные в Кандалакшском районе.

**IV. Циркониевые руды**

В Ловозерском районе расположены два месторождения циркониевых руд. Эвдиалитовое месторождение Аллуайв, находящееся около Ловозерского горно-обогатительного комбината, и месторождение цирконий-иттриевых руд Сахарйок.

**V. Неметаллорудное сырье**

В регионе выявлены два проявления слюды флогопита (Петяйянвара, Себльявр) и два проявления слюды вермикулита (Петяйянвара, Салланлатва). Крупные запасы высококачественного огнеупорного сырья установлены в месторождениях и проявлениях кианита в Ловозерском районе, а также в Хабозерском месторождении оливинитов. В Ковдорском районе разведано месторождение пегматитов Отрадное со значительными запасами сырья.

Сведения о запасах и качестве минерального сырья по основным перспективным месторождениям и проявлениям приведены ниже (табл. 9) [43].

## 5.2. Районирование перспективных источников минерального сырья

Перспективные источники минеральных ресурсов Кольского региона, будучи удаленными от действующих в настоящее время горно-промышленных предприятий, требуют для ввода в эксплуатацию значительных затрат на организацию транспортных коммуникаций, строительство ЛЭП, подстанций, объектов жилкультбыта и пр., а также на создание горно-промышленных комплексов. По укрупненным оценкам (табл. 3) расходы на объекты инфраструктуры, в зависимости от расположения перспективных источников минерального сырья, составляют от 15-20 до 40-50% всех затрат на капитальные работы пускового периода [22]. В таких условиях выделение территорий сосредоточения нескольких источников, в том числе разных видов сырья, позволяет распределить расходы на общие объекты инфраструктуры по разным источникам и тем самым способствовать эффективности их освоения. По территориальному признаку расположения выделяются следующие районы сосредоточения перспективных месторождений и проявлений минерального сырья (рис. 9):

1 группа – редкометалльные месторождения и рудопроявления золота Колмозеро-Воронинской структуры, расположенной на северо-востоке от п. Ловозеро;

2 группа – кианитовые месторождения Кейв, расположенные в восточной части Кольского полуострова;

3 группа – редкометалльные, железорудные и слюдяные месторождения, расположенные южнее п. Алакуртти;

4 группа – платинометалльные месторождения Федорово-Панских тундр, расположенные в центральной части Кольского полуострова;

5 группа – апатитовое, ильменит-титаномагнетитовое и слюдяные месторождения массивов Гремяха и Себльявр, расположенные южнее г. Мурманска.

Основные перспективные источники минерально-сырьевых ресурсов
Кольского полуострова

| Месторождения, рудопроявления (по видам сырья) | Полезные компоненты (минералы) | Запасы, ресурсы (категория) | Среднее содержание полезных компонентов |
|---|---|---|---|
| **I. Слюдяные руды** | | | |
| Проявление Себльявр | флогопит | 13 млн. $м^3$ руды ($C_2$) | 105 кг/$м^3$ |
| Проявление Петяйянвара | флогопит | 7020 тыс. т руды | 206 кг/$м^3$ |
| Проявление Петяйянвара | вермикулит | 4,44 млн. т руды ($P_1$) | 10% |
| Проявление Салланлатва | вермикулит | 4,8 млн. т руды ($C_2$) | 3,63% |
| **II. Огнеупорное сырье** | | | |
| Хабозерское месторождение | оливинит | 9692,4 тыс. т руды ($A+B+C_1$) | |
| Кейвинская группа месторождений | кианит | 868 млн. т руды ($B+C_1+C_2$) | 34-43% |
| **III. Кварц-полевошпатовое сырье** | | | |
| Месторождение Отрадное | пегматит | 30386 тыс. т ($B+C_1+C_2$) | |
| **IV. Редкометалльное сырье** | | | |
| Месторождение Васин-Мыльк | $Cs_2O$ $Li_2O$ $Ta_2O_5$ $BeO$ $Rb_2O$ | ($C_1+C_2$) | % 0,514 0,980 0,033 0,055 0,720 |

| Месторождение | | $C_1+C_2$ | % |
|---|---|---|---|
| Полмостундровское | $Li_2O$ | | 1,26 |
| | BeO | | 0,027 |
| | $Ta_2O_5$ | | 0,004 |
| | $Nb_2O_5$ | | 0,007 |
| Месторождение | | $C_2$ | % |
| Охмыльк | | | |
| | $Ta_2O_5$ | | 0,009 |
| | $Nb_2O_5$ | | 0,015 |
| | $Li_2O$ | | 0,31 |
| | BeO | | 0,013 |
| | $Rb_2O$ | | 0,018 |
| | $Cs_2O$ | | 0,03 |
| Месторождение Олений | | $C_2$ | % |
| хребет | $Ta_2O_5$ | | 0,013 |
| | $Nb_2O_5$ | | 0,011 |
| | $Li_2O$ | | 0,760 |
| | BeO | | 0,027 |
| | $Rb_2O$ | | 0,350 |
| | $Cs_2O$ | | 0,085 |
| Месторождение Тухта- | | $C_1+C_2$ | % |
| Вара | $Nb_2O_5$ | | 0,053 |
| | $Ta_2O_5$ | | 0,01 |
| | $Fe_{общ}$ | | 19,8 |
| | $P_2O_5$ | | 5,5 |
| | $ZrO_2$ | | 0,11 |
| Салланлатва ниобиевое | | $C_2$ | % |
| | $Nb_2O_5$ | | 0,191 |
| | $Fe_{общ}$ | | 11,1 |
| | $P_2O_5$ | | 3,0 |
| | BaO | | 1,94 |

| Месторождение Неске-Вара | $Nb_2O_5$ | $C_2+P_1$ | 0,216 |
|---|---|---|---|
| | $Nb_2O_5$ | $C_2$ | 0,221 |
| | $Nb_2O_5$ | $C_1+C_2$ | 0,357 |
| | $Ta_2O_5$ | | 0,014 |
| Колмозерское | | $A+B+C_1+C_2$ | % |
| | $Li_2O$ | | 1,13 |
| | $Nb_2O_5$ | | 0,011 |
| | $Ta_2O_5$ | | 0,009 |
| | $BeO$ | | 0,037 |
| **V. Циркониевое сырье** | | | |
| Месторождение Аллуайв | | $C_1+C_2$ | % |
| | лопарит | | 3,64 |
| | эвдиалит | | 8,62 |
| Месторождение Сахарйок | | $C_2+P_1$ | |
| | $\Sigma TR_2O_3$ | | 0,378 |
| | $Y_2O_3$ | | 0,066 |
| | $ZrO_2$ | | 0,63 |
| **VI. Титановое сырье** | | | |
| Месторождение Юго-Восточная Гремяха | | $C_2+P_1$ | % |
| | $TiO_2$ | | 13,4 |
| | Fe общ. | | 29,4 |
| Месторождение Колвицкое | $TiO_2$ | $C_2+P_1$ | 8,0 |
| | $Y_2O_3$ | | 0,45 |
| Месторождение Африкандское | | | % |
| | $TiO_2$ | $B+C_1$ | 12,03 |
| | $Fe_{общ}$ | | 14,2 |
| | $(Nb,Ta)_2O_5$ | | 0,22 |
| | $TR_2O_3$ | | 0,67 |
| | $ThO_2$ | | 0,026 |
| Месторождение Цагинское | $TiO_2$ | $B+C_1$ | 6,23 |
| | $Y_2O_3$ | | 0,24 |
| **VI. Хромовое сырье** | | | |
| Месторождение Сопчеозерское | $Cr_2O_3$ | 10350 тыс. т ($C_2+P_1$) | 24,0 % |

| Месторождение Большая Варака | $Cr_2O_3$ | 5400 тыс. т | 23,0 % |
|---|---|---|---|
| **VII. Благородные металлы** | | | |
| Проявление Оленинское | золото | $C_2$ | 3,1 г/т |
| Проявление Няльм-1 | золото | $C_2$ | 4,3 г/т |
| Проявление Няльм-2 | золото | $C_2$ | 4.6 г/т |
| Федорова тундра | | $B+C_1$ | |
| | платина | | 0,35 г/т |
| | палладий | | 1,4 г/т |
| | золото | | 0,09 г/т |
| | никель | | 0,078 г/т |
| | медь | | 0,126 % |

Мировой опыт свидетельствует (Канада, США) [1,22,44], что вовлечение в эксплуатацию перспективных источников минерального сырья, во многих случаях расположенных в северных и приравненных к ним регионах, способствует освоению труднодоступных территорий стран и развитию других производств. Так, в США за два десятилетия (1972-1990 гг.) бюджетные расходы возросли в 13 раз, бюджетные расходы Канады за период с 1955 по 1981 гг. – в 36 раз. Северные и приравненные к ним территории в России составляют 70% ее территории при плотности населения в них около 1,5 чел. /км². На этих территориях сосредоточены значительные минерально-сырьевые ресурсы, от использования которых во многом будет решаться вопрос освоения территории России и развития ее экономики. В прошлом столетии именно минерально-сырьевые ресурсы послужили основой масштабного освоения и развития Кольского региона. Наличие крупных запасов, в том числе уникальных и редких видов минерального сырья, в перспективных источниках, близость региона к основным центрам промышленности создают предпосылки для дальнейшего развития горнорудной и перерабатывающей промышленности в регионе.

## 5.3. Оценка привлекательности перспективных источников минерального сырья методом ранжирования

В случае наличия нескольких источников одного и того же вида минерального сырья определенный практический интерес представляет выяснение привлекательности каждого из них с учетом всех основных природных условий их освоения. В качестве одного из методов такой предварительной оценки может быть ранжирование источников по балльной схеме. Пример такой оценки выполнен для резервных и перспективных месторождений и проявлений апатитсодержащих руд региона. Для ранжирования источников сырья использована основная информация, влияющая на привлекательность их освоения (табл. 10). Балльная схема ранжирования с учетом особенностей геологического строения источников апатитовых руд, и результаты их оценки приведены ниже (табл. 11, 12). Как показали результаты оценки с применением метода ранжирования по балльной схеме, если при этом установлены и учтены все основные влияющие факторы, возможно выявить приоритетную роль каждого из конкурирующих источников сырья.

*Таблица 10*

Краткая характеристика перспективных апатитовых месторождений

| Название объекта, проявления, перспективной площади | Геолого-экономическая формация | Степень разведанности (детальная разведка, предварительная разведка и др.) | Запасы, ресурсы | | | | Попутные компоненты, среднее содержание, % | Глубина подсчета запасов, м |
|---|---|---|---|---|---|---|---|---|
| | | | Категория запасов | руда, млн. т | содержание $P_2O_5$, % | $P_2O_5$, млн. т | | |
| 1 | 2 | 3 | 4 | 5 | 6 | 7 | 8 | 9 |
| | | | Мурманская область | | | | | |
| Олений ручей | Формация интрузий апатит-нефелиновых сиенитов | Детальная разведка | А+В+С$_1$ | 325,2 | 16,17 | 52,6 | $Al_2O_3$ – 12,07, эгирин, сфен, титаномагнетит | 1000 |
| Гремяха-Вырмес | Формация щелочных интрузий | Предварительная разведка | С$_1$+С$_2$ | 2073 | 3,0 | 62,2 | $TiO_2$ – 5,98, $Fe_{вал.}$ – 17,8 | 300 |
| Апатит-штафелитовое | Формация кор выветривания | Детальная разведка | В+С+С$_1$ | 43,6 | 16,96 | 7,27 | $Fe_{вал.}$ -7-8 | 195 |
| Себльявр | Формация ультраосновных щелочных интрузий | Предварительная разведка | С$_1$+С$_2$ | 1207 | 4,6 | 56 | $Fe_{вал.}$ -12,7 | 450 |

| 1 | 2 | 3 | 4 | 5 | 6 | 7 | 8 | 9 |
|---|---|---|---|---|---|---|---|---|
| Эвеслогчорр | Формация интрузий апатит-нефелиновых сиенитов | Предварительная разведка | $C_1+C_2$ | 368 | 14,6 | 53,7 | нефелин, сфен, титаномагнетит | 1500 |
| Партомчорр | Формация интрузий апатит-нефелиновых сиенитов | Детальная разведка | $A+B+C_1$ | 748,3 | 7,5 | 56,1 | $Al_2O_3$ – 10,47, эгирин, сфен, титаномагнетит | 600 |
| Апатит-карбонатитовое | Формация ультраосновных щелочных интрузий с карбонатитами | Предварительная разведка | $C_1+C_2$ | 916,5 | 4,4 | 40,3 | $Fe$ – 3,37 | 650 |
| Тухта-Вара | Формация ультраосновных щелочных интрузий с карбонатитами | Предварительная разведка | $C_1+C_2$ | 260,7 | 5,57 | 14,8 | $Fe_{вал.}$ – 20,0 $ZrO_2$ – 0.122 | 850 |
| Салмагорское | Формация ультраосновных щелочных интрузий с карбонатитами | Поисковая стадия | $P_1+P_2$ | 300 | 5,2 | 15,6 | $Cu$ – 0.33 | 300 |

| Кондиции | Возможный способ отработки | Эксплуата-ционные запасы млн.т. | Технологические показатели | Производи-тельность рудника, млн.т | Расстояние до ЖД станции (порта), км | Географии-ческие координаты | Название объекта, проявления, перспек-тивной площади |
|---|---|---|---|---|---|---|---|
| 10 | 11 | 12 | 13 | 14 | 15 | 16 | 17 |
| | | | Мурманская область | | | | |
| Бортовое содержание $P_2O_5$-4% | открытый+ подземный | 22,7 в контуре карьера | Легкообогатимые, концентрат 39,4% $P_2O_5$, извлечение 89% | 1,9 | 45 | С.ш. $67^04 1^1$ В.д. $34^01 2^1$ | Олений ручей |
| Бортовое содержание $P_2O_5$+ $TiO_2$=4,5% | открытый | 724 в контуре карьера | Рядовые, концентрат 35% $P_2O_5$, извлечение 82,1% | 21,0 | 20 | С.ш. $68^04 0^1$ В.д. $32^03 0^1$ | Гремяха-Вырмес |
| Бортовое содержание $P_2O_5$-6% | открытый | 46,3 | Рядовые, концентрат 35% $P_2O_5$, извлечение 65% | 2,2 | 3 | С.ш. $67^03 3^1$ В.д. $30^02 4^1$ | Апатит-штаффели-товое |
| Бортовое содержание $P_2O_5$-2% | открытый | 964 в контуре карьера | Рядовые, концентрат 37,5% $P_2O_5$, извлечение 70,2% | 25,0 | 28 | С.ш. $68^04 7^1$ В.д. $32^04 1$ | Себльявр |

| 10 | 11 | 12 | 13 | 14 | 15 | 16 | 17 |
|---|---|---|---|---|---|---|---|
| Бортовое содержание $P_2O_5$-4% | подземный | 673,4 при бортовом содержании 4% | Легкообогатимые, концентрат 39,4% $P_2O_5$, извлечение 88% | 5,5 | 35 | С.ш. 67°38' В.д. 33°56' | Эвеслочорр |
| Бортовое содержание $P_2O_5$-4% | открытый+ подземный | 113 в контуре карьера | Легкообогатимые, концентрат 39,4% $P_2O_5$, извлечение 87% | 7,0 | 30 | С.ш. 67°50' В.д. 33°40' | Партомчорр |
| Бортовое содержание $P_2O_5$-3% | открытый | 267,1 в контуре карьера | Рядовые, концентрат 35% $P_2O_5$, извлечение 51,6% | 6,0 | 3 | С.ш. 67°33' В.д. 30°24' | Апатит-карбонатито-вое |
| Бортовое содержание $P_2O_5$-3% | открытый+ подземный | 26,2 в контуре карьера | Рядовые, концентрат 36% $P_2O_5$, извлечение 63,5% | 2,0 | 20 | С.ш. 66°47' В.д. 30°10' | Тухта-Вара |
|  | открытый | 30 в контуре карьера | Легкообогатимые, концентрат 39,4% $P_2O_5$, извлечение 84% | 1,5 | 25 | С.ш. 67°18' В.д. 33°30' | Салмагорское |

Схема ранжирования объектов по балльной системе

| № п/п | Показатели | Количество баллов |
|-------|-----------|-------------------|
| 1. | По запасам $P_2O_5$: | |
| | мелкие объекты (до 10 млн.т); | 0,4 |
| | средние (10-30 млн.т); | 0,6 |
| | крупные (30-100 млн.т); | 0,8 |
| | крупнейшие (более 100 млн.т) | 1,0 |
| 2. | По содержанию $P_2O_5$: | |
| | бедные (до 8 %); | 0,6 |
| | рядовые (8-14%); | 0,8 |
| | богатые (более 14%) | 1,0 |
| 3. | По наличию экономически значимых попутных компонентов: | |
| | один элемент; | 0,6 |
| | два и более; | 0,8 |
| | особо значимый | 1,0 |
| 4. | По обогатимости: | |
| | труднообогатимые; | 0,6 |
| | рядовые; | 0,8 |
| | легкообогатимые | 1,0 |
| 5. | По расстоянию от ж/д, крупных судоходных рек и морских портов: | |
| | более 300 км; | 0,2 |
| | от 200 км до 300 км; | 0,4 |
| | от 100 км до 200 км; | 0,6 |
| | от 50 км до 100 км; | 0,8 |
| | от 0 до 50 км | 1,0 |
| 6. | По наличию крупных городов и промышленных центров: | |
| | более 300 км; | 0,2 |
| | от 200 км до 300 км; | 0,4 |
| | от 100 км до 200 км; | 0,6 |
| | от 50 км до 100 км; | 0,8 |
| | от 0 до 50 км | 1,0 |

| 7. | По степени разведанности: ресурсы $P_2$; ресурсы $P_1$; запасы $C_2$; запасы $A+B+C_1$ | 0,4 0,6 0,8 1,0 |
|---|---|---|
| 8. | По степени рентабельности к основным фондам: нулевая 0-0,5,0 %; низкая 5,0-15,0 %; приемлемая 15,0-25,0 %; средняя 25,0-35,0 %; высокая-более 35 % | 0,2 0,4 0,6 0,8 1,0 |
| 9. | По срокам окупаемости капитальных вложений: более 20 лет; 20-15 лет; 15-10 лет; 10-5 лет; менее 5 лет | 0,2 0,4 0,6 0,8 1,0 |

Результаты ранжирования приведены в таблице 12.

*Таблица 12*

Результаты ранжирования перспективных апатитовых месторождений

| № п/п | Объект | № показателя ранжирования | | | | | | | | | |
|---|---|---|---|---|---|---|---|---|---|---|---|
| | | 1 | 2 | 3 | 4 | 5 | 6 | 7 | 8 | 9 | Итого |
| Мурманская область | | | | | | | | | | | |
| 1. | Олений ручей | 0,8 | 1,0 | 0,8 | 1,0 | 1,0 | 1,0 | 1,0 | 0,6 | 1,0 | 8,2 |
| 2. | Гремяха-Вырмес | 0,8 | 0,6 | 0,8 | 0,8 | 1,0 | 0,8 | 1,0 | 0,6 | 0,8 | 7,2 |
| 3. | Ковдорское апатит-штаффелитовое | 0,4 | 1,0 | 0,8 | 0,8 | 1,0 | 1,0 | 1,0 | 0,4 | 0,8 | 7,2 |
| 4. | Себльявр | 0,8 | 0,6 | 0,8 | 0,8 | 1,0 | 0,8 | 1,0 | 0,4 | 0,8 | 7,0 |
| 5. | Эвеслогчорр | 0,8 | 1,0 | 0,8 | 1,0 | 1,0 | 1,0 | 0,8 | 0,2 | 0,2 | 6,8 |
| 6. | Партомчорр | 0,8 | 0,6 | 0,8 | 1,0 | 1,0 | 1,0 | 1,0 | 0,2 | 0,2 | 6,6 |
| 7. | Ковдорское апатит-карбонатитовое | 0,8 | 0,6 | 0,8 | 0,8 | 1,0 | 1,0 | 1,0 | 0,2 | 0,2 | 6,4 |
| 8. | Тухта-Вара | 0,6 | 0,6 | 0,8 | 0,8 | 1,0 | 0,6 | 1,0 | 0,2 | 0,4 | 6,0 |
| 9. | Салмагорское | 0,6 | 0,6 | 0,6 | 0,8 | 1,0 | 1,0 | 0,6 | 0,2 | 0,2 | 5,6 |

## 5.4. Оценка эффективности освоения перспективных месторождений с соблюдением сбалансированности экономических интересов государства и недропользователя

Проблема освоения перспективных месторождений всегда включает оценку проектов рудников с обоснованием геотехнологии, выбранной из числа вариантов, предлагаемых в проекте. Методы решения этой задачи, предложенные в главах 2, 3 и 4, предусматривают при использовании перспективных источников минерально-сырьевых ресурсов достижение двух основных целей:

во-первых, оценку ожидаемых результатов реализации проектов рудников с обоснованием варианта, в наибольшей мере отвечающего требованиям рационального использования запасов минерально-сырьевых ресурсов; во-вторых, соблюдение сбалансированности экономических интересов государства – владельца недр и горного предприятия – недропользователя при оценке и распределении ожидаемых экономических результатов освоения месторождений с обоснованием полноты использования запасов минерального сырья. Ниже приведено решение этой задачи на примере проявления флогопита Петяйянвара.

Проявление флогопита Петяйянвара расположено в 27 км от железнодорожной станции Алакуртти, связано с последней грунтовой дорогой. Участок оруденения (рис. 10) занимает площадь 0,75 км$^2$, перекрыт четвертичными отложениями незначительной мощности. Верхние горизонты участка на глубине до 14-22 м представлены вермикулитом и частично гидратированным флогопитом. По степени насыщенности флогопитом на участке выделяются три зоны (Центральная, Юго-Западная и Восточная), представленные мощными залежами, прослеженными на глубину 200 м. Прогнозные запасы флогопита этих участков 600 тыс. т при содержании слюды в руде 206 кг/м$^3$.

Горным институтом КНЦ РАН выполнена предпроектная (предварительная) оценка эффективности освоения проявления флогопита Петяйянвара открытым (всех трех зон оруденения) и подземным (Центральная зона) способами. Предпроектная технико-экономическая информация, полученная в ценах базового года (года предпроектной оценки) для варианта освоения проявления Петяйянвара подземным способом, приведена ниже (табл. 13, 14). Однако в условиях инфляции потери денежной ценности намеченных расходов за последующий за базовым годом период не позволит выполнить капитальные и эксплуатационные работы в полном объеме в принятые сроки (индекс инфляции 0,05). Потери денежной ценности базовых затрат, предусмотренные на весь пусковой период составят, согласно (2) 59,4 млн. руб., на эксплуатационные работы в начальный период эксплуатации, согласно (4), 23,3 млн. руб.

*Таблица 13*

Базовые показатели освоения проявления флогопита Петяйянвара

| Наименование показателей | Пусковой и начальный период эксплуатации, годы | | | | | | |
|---|---|---|---|---|---|---|---|
| | 1 | 2 | 3 | 4 | 5 | 6 | 7 |
| Производство флогопита, тыс. т | 0 | 0 | 0 | 10 | 10 | 10 | 10 |
| Цена флогопита, тыс. руб./т | 0 | 0 | 0 | 15 | 15 | 15 | 15 |
| Доход, млн. руб. | 0 | 0 | 0 | 150 | 150 | 150 | 150 |
| Затраты на капитальные работы, млн. руб. | 70 | 100 | 140 | 0 | 0 | 0 | 0 |
| Затраты на эксплуатацию, млн. руб. | 0 | 0 | 0 | 25 | 25 | 25 | 25 |
| Затраты на разведку 1 т запасов флогопита, руб./т | 0 | 0 | 0 | 50 | 50 | 50 | 50 |
| Потери при добыче, доли ед. | 0 | 0 | 0 | 0,03 | 0,03 | 0,03 | 0,03 |
| Извлечение из добытой руды, % | 0 | 0 | 0 | 90 | 90 | 90 | 90 |
| Израсходовано запасов флогопита, тыс. т | 0 | 0 | 0 | 11,5 | 11,5 | 11,5 | 11,5 |

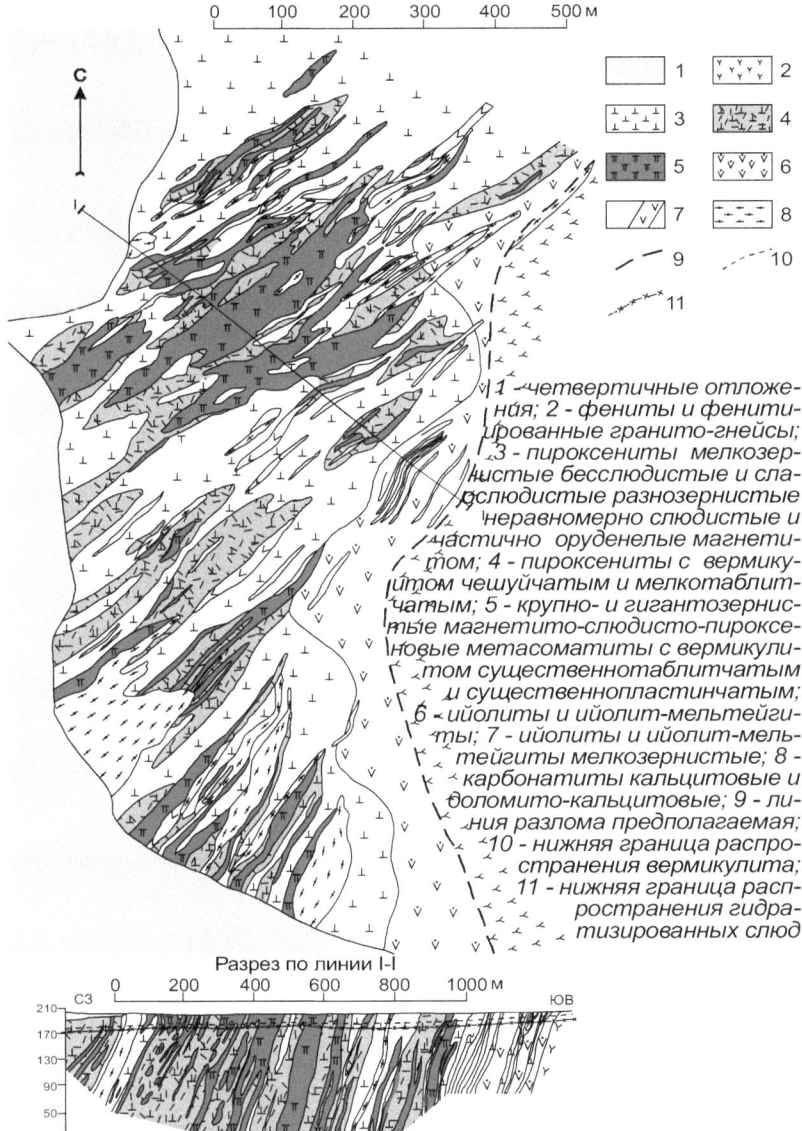

Рис. 10. Схематическая геологическая карта и разрез месторождения флогопита Петяйянвара

Выполнение намеченных капитальных и эксплуатационных работ в полном объеме в принятые сроки в условиях инфляции, как показали дальнейшие оценки, возможно лишь в случае существенной корректировки базовых показателей с компенсацией потерь денежной ценности в пусковой и начальный периоды эксплуатации проявления флогопита (табл. 14).

Фактические затраты на освоение проявления флогопита
Петяйянвара и ожидаемый доход

| Наименование показателей | Пусковой и начальный период эксплуатации, годы | | | | | | |
|---|---|---|---|---|---|---|---|
| | 1 | 2 | 3 | 4 | 5 | 6 | 7 |
| Индекс инфляции, доли ед. | 0,05 | 0,05 | 0,05 | 0,05 | 0,05 | 0,05 | 0,05 |
| Цена флогопита, тыс. руб./т | 0 | 0 | 0 | 18,2 | 19,1 | 20,1 | 21,1 |
| Доход, млн. руб. | 0 | 0 | 0 | 182,3 | 191,4 | 201,0 | 211,1 |
| Фактические затраты на капитальные работы, млн. руб. | 73,3 | 109,3 | 159,1 | 0 | 0 | 0 | 0 |
| Фактические затраты на эксплуатацию, млн. руб. | 0 | 0 | 0 | 29,4 | 30,4 | 31,3 | 32,2 |
| Фактические затраты на разведку, млн. руб. | 0 | 0 | 0 | 0,68 | 0,70 | 0,72 | 0,74 |

Известно, что общей причиной снижения денежной ценности является постоянно происходящий в экономике рост цен на все виды товаров и услуг. Исходя из этого общего положения, следует считаться с тем, что цена товарной продукции, в данном случае флогопита, также возрастет, как это показано выше (10). Одновременно с этим увеличится и доход (11). Откорректированная предложенным методом информация (табл. 14) даст возможность на объективной экономической основе выполнить оценку освоения проявления флогопита с соблюдением интересов государства и недропользователя (3.3, 4.2, 4.3). Результаты оценки эффективности использования проявления флогопита Петяйянвара и распределение ожидаемого дохода с учетом стоимости расходуемых запасов приведены ниже (табл. 15).

Как видно, в первые два года начальной стадии эксплуатации прибыль отсутствует, поскольку полученный доход полностью расходуется на возмещение капитальных и эксплуатационных затрат. Эксплуатация месторождения в следующем третьем году может обеспечить незначительную прибыль из-за небольшой величины возмещения капитальных затрат. В последующие годы эксплуатация месторождения будет приносить значительную прибыль, поскольку затраты на пусковые капитальные работы к этому времени полностью возмещены. Доля недропользователя в доходе, в которой предусматривается возмещение понесенных им затрат и прибыли, приходящейся на эти затраты, будучи значительной в первые три года эксплуатации, в последующие годы снижается из-за окончания возмещения капитальных затрат.

*Таблица 15*

Технико-экономические показатели, ожидаемые при освоении проявления флогопита Петяйянвара

| Наименование показателей | Начальная стадия эксплуатации, годы | | | |
|---|---|---|---|---|
| | 4 | 5 | 6 | 7 |
| Возмещение эксплуатационных затрат, млн. руб. | 29,4 | 30,4 | 31,3 | 32,2 |
| Возмещение затрат геолого-разведочных работ, млн. руб. | 0,68 | 0,70 | 0,72 | 0,74 |
| Возмещение затрат на капитальные работы, млн. руб.[1] | 152,2 | 160,3 | 70,4 | 0 |
| Сверхприбыль либо ущерб, млн. руб. | -18,2 | -19,14 | 88,34 | 174,86 |
| Стоимость израсходованных запасов, млн. руб. | -17,6 | -18,37 | 89,13 | 175,68 |
| Доход, млн. руб. | 182,3 | 191,4 | 201,0 | 211,1 |
| Прибыль, млн. руб. | 0 | 0 | 98,58 | 178,16 |
| Доля недропользователя в доходе, млн. руб. | 199,76 | 209,77 | 111,87 | 35,42 |
| Доля государства в доходе, млн. руб. | -17,46 | -18,37 | 89,13 | 175,68 |

---

[1] Затраты на капитальные работы за все годы пускового периода, приведенные к году начала эксплуатации 369,4 млн. руб.

Государство в первые два года начальной стадии эксплуатации не может претендовать на свою долю в доходе, поскольку стоимость запасов, расходуемых на производство товарной продукции, характеризуется отрицательной величиной из-за худших условий освоения месторождения (необходимость восполнения в эти годы затрат на капитальные работы), в последующие годы его доля в доходе значительно возрастает из-за благоприятных условий освоения месторождения, не требующих больших затрат на его эксплуатацию. Как видно на этом примере, привлечение стоимости запасов месторождений позволяет на более объективной экономической основе дать оценку эффективности освоения месторождений и участия государства и недропользователя в полученном доходе.

Аналогичные расчеты технико-экономических показателей освоения проявления флогопита Петяйянвара с использованием открытого способа разработки показали преимущество варианта с подземным способом разработки. Потери полезного компонента, соответствующие этому варианту, могут считаться экономически оправданными и рассматриваться как нормативные.

## ЗАКЛЮЧЕНИЕ

Потребление минерально-сырьевых ресурсов характеризуется постоянным ростом и эта тенденция, как показывают прогнозы, сохранится в будущем. При этом полнота использования запасов месторождений остается по-прежнему недостаточной, наблюдается выборочная отработка недропользователями лучших участков месторождений, ведущая к росту потерь полезного ископаемого в недрах. Для России, лидирующей среди стран мира по добыче полезных ископаемых, перешедшей на рыночную экономику, обострившую противоречивость экономических интересов государства – владельца недр и компаний горно-промышленного комплекса – недропользователей, проблема бережливого и, вместе с тем, эффективного освоения недр приобретает особо актуальное значение. В связи со значительным расходом запасов разведанных месторождений приобретает важное значение, в том числе для развития экономики будущего, проблема рационального освоения новых перспективных источников минерально-сырьевых ресурсов. При этом для правильного решения этой проблемы ключевой задачей становится создание объективной экономической основы для обеспечения сбалансированности интересов владельца и пользователя недр.

Возможность создания объективной экономической основы решения задач недропользования, начиная с разработки и реализации проектов освоения перспективных месторождений, появляется в случае привлечения к экономической оценке ожидаемых результатов эксплуатации всех товаров, ресурсов и услуг, в том числе полезных ископаемых, оцененных в их денежном измерении, к обоснованию принимаемых инженерных и правовых решений.

Разработанные методы позволяют определить затраты, которые потребуются в пусковой период и в начальной стадии эксплуатации на реализацию проекта в полном объеме с учетом влияния инфляции, определить стоимость запасов, расходуемых в начальной стадии эксплуатации, выполнить оценку вариантов, рассматриваемых в проекте, и обосновать выбор варианта, обеспечивающего рациональное освоение перспективного месторождения. Также предложен метод определения долевого участия государства – владельца недр и недропользователя в освоении месторождения и распределения на этой основе ожидаемого дохода при реализации проекта рудника с соблюдением сбалансированности экономических интересов сторон.

Результаты, полученные с использованием предложенных методов, могут быть использованы для обоснования экономически оправданных потерь запасов полезного ископаемого при эксплуатации месторождения, определения доли государства в ожидаемом доходе, при совершенствовании механизма, в том числе налогового, экономических отношений в недропользовании.

# Литература

1. Мельников Н.Н., Бусырев В.М. Ресурсосбалансированное недропользование: теория и методы. – Апатиты: КНЦ РАН (грант РФФИ № 07-05-07027). – 2007. – 110 с.

2. Будущее мировой экономики: докл. группы экспертов ООН во главе с В. Леонтьевым: пер. с англ. – М., Международные отношения. – 1979.

3. Путинцев В.К. О значении общегеологических работ в воспроизводстве минерально-сырьевой базы и приоритетных направлениях их развития / В.К. Путинцев, А.Х. Кагарманов, Ю.П. Ненашев // Использование и охрана природных ресурсов в России. - 2002. - № 7-8. - С. 47-52.

4. Козловский Е.А. Россия: минерально-сырьевая политика и национальная безопасность. – М.: Изд-во МГТУ, 2002. – 849 с.

5. Трубецкой К.Н. Современное состояние минерально-сырьевой базы и горно-добывающей промышленности России // Горн. журн. – 1995. - № 1. – С. 3-7.

6. Сколько стоят наши благородные металлы и алмазы? / С.В. Белов, С.Я. Медведовский, И.С. Ротфельд // Использование и охрана природных ресурсов в России. - 2003. - № 4-5. - С. 42-44.

7. Филиппов С.А. Концептуальный подход ЦКР-ТПИ Роснедр к оценке экономической эффективности технологических решений в проектах разработки месторождений в аспекте рационального и комплексного освоения недр // Рациональное освоение недр. – 2012. - № 4. – С.30-41.

8. Секция ТПИ ЦКР Роснедра: из опыта работы по рассмотрению проектной документации на разработку месторождений угля / С.А. Филиппов, М.И. Кочергин, А.А. Ашихмин, В.И. Зеличенко // Недропользование XXI век. – 2009. - № 4. – С. 57-61.

9. Бавлов В.Н., Филиппов С.А., Ашихмин А.А. Анализ итогов работы ЦКР-ТПИ Роснедр за 2010 год // Рациональное освоение недр. – 2011. - № 1, - С. 3-7.

10. Воропаев В.И., Ашихмин А.А. Утверждение нормативов потерь полезных ископаемых при добыче как механизм государственного управления в сфере недропользования. Результаты анализа качества

проектной и технической документации на разработку месторождений ТПИ (по итогам деятельности секции ТПИ ЦКР Роснедр в 2009 году) // Недропользование - XXI век. – 2010. - № 2. – С. 13-20.

11. Филиппов С.А., Ашихмин А.А. Итоги работы секции твердых полезных ископаемых ЦКР Роснедра в 2008 году // Недропользование - XXI век. – 2009. - № 2. – С. 20-22.

12. Филиппов С.А., Кочергин А.М. О работе секции твердых полезных ископаемых ЦКР Роснедра в 2007 году // Недропользование - XXI век. – 2008. - № 1. – С. 21-24.

13. Мельников Н.В. Рациональное использование минеральных ресурсов // Горн. журн. – 1973. - № 1. – С. 3-7.

14. Технико-экономическая оценка извлечения полезных ископаемых из недр / М.И. Агошков, В.И. Никаноров, Е.И. Панфилов и др. – М.: Недра. – 1974. – 312 с.

15. Мельников Н.В. Комплексное использование месторождений полезных ископаемых // Научные основы оптимизации использования месторождений полезных ископаемых и охрана недр. – М.: 1977. – С. 34-55.

16. О внесении изменений и дополнений в часть вторую Налогового кодекса Российской Федерации и некоторые другие акты законодательства Российской Федерации, а также о признании утратившими силу отдельных актов законодательства Российской Федерации. Федеральный закон. – М., 2001.

17. Орлов В.П. Задачи законодательного обеспечения минерально-сырьевого комплекса // Минеральные ресурсы России. Экономика и управление. - М., 2003. – № 5-6. – С. 3-6.

18. Юхимов Я.И., Юхимова Я.Я. Совершенствование законодательства о налогообложении добычи твердых полезных ископаемых // Горн. журн. – 2008. - № 2. – С. 7-10.

19. Панфилов Е.И. Первоочередные задачи совершенствования горного законодательства России // Недропользование – XXI век. – М., 2008. - № 2. – С. 37-43.

20. Трубецкой К.Н., Чантурия В.А., Гончаров С.А. О горных терминах (в порядке обсуждения) // Горн. журн. – 2007. - № 4. – С. 4-5.

21. Мельников Н.Н., Бусырев В.М. Налог на добычу полезных ископаемых и конфликтные ситуации // Недропользование – XXI век. – М., 2008. - № 5.

22. Мельников Н.Н., Бусырев В.М. Экономические основы сбалансированного освоения минерально-сырьевой базы. – Апатиты: КНЦ РАН (грант РФФИ № 10-05-07007). – 2010. – 125 с.

23. Байбаков Н.К. Открытое письмо бывших членов Правительства СССР В.В. Путину, Президенту Российской Федерации // Промышленные ведомости. – 2004. - № 3-4.

24. Орлов В.П., Немерюк Ю.В. Рента в новой системе налогообложения // Минеральные ресурсы России. Экономика и управление. – М.: – 2001. - № 3. – С. 34-41.

25. Разовский Ю.В. Горная рента. – М.: Бонд, 1999.

26. Садыков Р.К. К вопросу введения дифференцированного налога на добычу полезных ископаемых // Минеральные ресурсы России. Экономика и управление. – М.: – 2005. - № 1. – С. 64-65.

27. Соловьева Е.А., Зубков В.А. Совершенствование налоговых отношений в сфере недропользования // Горн. информ.-аналит. бюл. – 2001. - № 1. – С. 134-145.

28. Комаров М.А., Белов Ю.П., Монастырных О.С. Рентное налогообложение в недропользовании // Минеральные ресурсы России. Экономика и управление. – М.: – 1998. - № 3. – С. 18-22.

29. Городнянский И.В. Дифференциальная горная рента и социалистический хозяйственный расчет // Горн. журн. – 1988. - № 6. – С. 42-45.

30. Новик Л.И., Кузин В.Ф. Горная рента как экономический показатель природопользования // Горн. журн. – 1983. - № 8. – С. 35-36.

31. Тихонов В.Ф. Дифференциальная рента и хозяйственный механизм в горной промышленности // Горн. журн. – 1989. - № 12. – С. 9-12.

32. Черкесова Э.Ю. Методологические основы экономического механизма регулирования недропользования // Горн. информ.-аналит. бюл. «Неделя горняка». – 2002. – С. 111-114.

33. Ястребинский М.А., Назарова З.М., Гусева Н.М. Горная рента и недропользование // Горн. журн. – 2003. - № 9. - С. 7-10.

34. Черкесова Э.Ю. Формирование дифференциальной горной ренты в горнодобывающей промышленности // Горн. журн. – 2001. - № 2. – С. 21-23.

35. Петров И.В., Черкесова Э.Ю. Порядок реализации экономического механизма регулирования недропользования // Горн. информ.-аналит. бюл. «Неделя горняка». – 2002. – С. 166-169.

36. Мельников Н.Н., Бусырев В.М. Концепция ресурсосбалансированного освоения минерально-сырьевой базы // Минеральные ресурсы России. Экономика и управление. – 2005. - № 2. – С. 58-63.

37. Методические рекомендации по оценке эффективности инвестиционных проектов. Официальное издание (вторая редакция). – М.: Экономика, 2000. – 422 с.

38. Методические рекомендации по технико-экономическому обоснованию кондиций для подсчёта запасов месторождений твёрдых полезных ископаемых (кроме углей и горючих сланцев). Министерство природных ресурсов Российской Федерации, Государственная комиссия по запасам полезных ископаемых (ГКЗ). – М., 1999. – 75 с.

39. Ковалев В.В. Методы оценки инвестиционных проектов // Научное издание. – М.: Финансы и статистика, 2003. – 144 с.

40. Мельников Н.Н., Бусырев В.М. Оценка проектов освоения месторождений и возможностей их реализации // Горн. журн. Изв. ВУЗов. – 2008. -№ 8. – С. 28-37.

41. Мельников Н.Н., Бусырев В.М. Экономические аспекты освоения месторождений. – Апатиты: КНЦ РАН (грант РФФИ № 01-05-78003), 2001. – 156 с.

42. Слюдяные месторождения Мурманской области: реальность и возможности освоения / Н.Н. Мельников, В.М. Бусырев, А.Ш. Гершенкоп, В.Д. Пучка, Г.В.Черемных. – Апатиты: КНЦ РАН, 1988. – 189 с.

43. Минерально-сырьевая база Мурманской области / Б.В. Афанасьев, Н.И. Бичук, А.Д. Даин, С.В. Жабин, Е.А. Каменев // Минеральные ресурсы России. Экономика и управление. – 1997. - № 4. – С. 12-18.

44. Агрант Г.А. Использование ресурсов и освоение территории Зарубежного Севера. – М.: Наука, 1984. – 200 с.